ULLI
REICHMANN

PERFEKT UNERZOGEN

animal Learn®
VERLAG

Aus Gründen der besseren Lesbarkeit wird bei Personenbezeichnungen und personenbezogenen Hauptwörtern die männliche Form verwendet. Entsprechende Begriffe gelten im Sinne der Gleichbehandlung grundsätzlich für alle Geschlechter.

ISBN 978-3-936188-82-0
Lektorat: Susanne Artmann
Satz, Layout und Illustrationen: Annette Gevatter, Riegel a.K.
Druck: FINIDR, s.r.o., Český Těšín, Tschechische Republik

animal learn Verlag, Am Anger 36, 83233 Bernau
Email: animal.learn@t-online.de, www.animal-learn.de

Inhalt

Für Bertie,
dessen Weisheit jeden
Erziehungsversuch der
Lächerlichkeit
preisgegeben hat.

Einleitung

Eigentlich habe ich noch nie großes Interesse oder gar Spaß daran gehabt, einen Hund (oder ein Kind) zu „erziehen" – war ich doch selbst ein höchst freigeistiges Kind. Meine Söhne gelten aber trotzdem als äußerst wohlerzogen und auch meine Hunde bekommen oft (aber nicht immer) das Prädikat „brav" verliehen, von Passanten, von Tierärzten und je nach Situation auch von anderen Hundehaltern. Immerhin bin ich auch seit über 20 Jahren Hundetrainerin und seit mehr als 35 Jahren Mutter. Ich habe in zwei Hundeschulen gearbeitet und als freie Trainerin. Trotzdem habe ich mich nie mit dem Begriff „Erziehung" anfreunden können.

Ein heikles Thema, besonders wenn man sich schon so lange in der Hundeszene herumtreibt wie ich. Allerdings birgt das lange Herumtreiben auch Vorteile. Man hat dann nämlich bereits ein paar Jährchen auf dem Buckel und Menschen meines Alters werden bestätigen können, dass die verblassenden Rosen der Wangen meist eine gewisse Dornigkeit hinterlassen, die einen nicht mehr ganz so anfällig für eigene Befindlichkeiten macht. Man traut sich Dinge an- und auszusprechen, die möglicherweise vielen anderen Menschen nicht gefallen. In meinem Fall ist es das weite Feld des Hundetrainings.

Auch ich habe früher Hunde trainiert und erzogen, obwohl es sich nie ganz richtig angefühlt hat. Eine große Erleichterung war dabei das „positive Training", das seinen Siegeszug bereits in meinen Anfangszeiten antrat. Wir haben damals (fast) alle damit begonnen, zu belohnen und zu bestätigen. Und wir haben Belohnungen „vorenthalten", bis das gewünschte Verhalten gezeigt wurde. Wenn überhaupt aktiv „bestraft" wurde, waren diese Strafen milde (das Wort „schade" wurde benutzt) und nicht mehr körperlich. Brustgeschirre hielten Einzug. Wir setzten uns mit wissenschaftlichen Erkenntnissen auseinander und benutzten sekundäre Verstärker. Der Hund wurde nicht mehr „korrigiert", sondern bekam die Chance „sich selbst zu korrigieren", um anschließend belohnt zu werden. Wir arbeiteten also hauptsächlich mit positiver Verstärkung und negativer Strafe. Positive Strafen wie Leinenrucks oder das damals beliebte „Vier Augen Gespräch“, bei dem der Hund unsanft seitlich an den Wangen gehalten wird, während man ihm drohend in die Augen starrt, starben in modernen Hundeschulen praktisch aus.

All das sind große Errungenschaften, die Hunden zweifellos bedeutend gerechter wurden als alle vorangegangenen Erziehungsmethoden. Wir alle waren begeistert, wie fröhlich und gewaltlos Hunde plötzlich dazu gebracht werden konnten, das zu tun, was wir wollten. Und seither drehen wir uns im Kreis … Immer noch stülpen wir Hunden unsere Vorstellungen über. Unsere Vorstellungen darüber, wie sie zu sein hätten, wie sie sich verhalten sollen, was unserer Meinung nach angemessen ist und was nicht. „Ja, aber“, höre ich Sie sagen, „Hunde leben in einer Menschenwelt. Erziehung macht es ihnen doch nur leichter, darin zurechtzukommen!“ Das ist sicher teilweise richtig. Aber zu eng und zu einseitig gedacht!

Hunde wissen und können sehr viel mehr, als wir ihnen zutrauen. Bevor sie das aber zeigen können, wird ihnen schon ein Korsett aus Erwartungen und Reglements übergestülpt, aus dem sie sich kaum mehr befreien können, um zu zeigen, was eigentlich wirklich alles möglich wäre, wenn Menschen nicht so gefangen wären in ihren eingeschränkten Vorstellungen vom Lebewesen Hund.

Ohne genau benennen zu können, was mich an dem Konzept der Erziehung von Anfang an gestört hat, wollte ich immer lieber eine Vermittlerin zwischen Hundewünschen und Menschenwünschen sein, ohne dabei einem der Beteiligten Unrecht zu tun. Was wäre, wenn wir Hunde nicht mehr als (untergebene) Haustiere, sondern als Personen einer anderen Spezies wahrnehmen würden? Ein Gedanke, der übrigens weder neu noch von mir ist. Schon im Jahr 1923 erschien das Buch „Der Taigajäger Dersu Usala“ von Wladimir Arsenjew. Darin bezeichnet besagter Taigajäger Tiere, die er beobachtet, als „Leute“. Auf die Frage des Erzählers, warum er sie so nennt, antwortet er: „Sind doch ganz gleich, nur anderes Gewand! Können betrügen, werden zornig, verstehen alles! Genau wie Leute!"

Ich glaube, wenn wir erkennen, dass Hunde „Leute in anderem Gewand" sind, die unsere Freunde werden können, legen wir diese unselige Steifheit im Umgang mit ihnen ab und werden ihrer Persönlichkeit gerechter. In dieser Hoffnung habe ich dieses Buch geschrieben.

Kapitel 1

Das Durcheinander von Training, Ausbildung, Erziehung

Ich denke, eine von mehreren Wurzeln allen Übels, das aus dieser Richtung über Hunde hereingebrochen ist, liegt in den alten „Abrichteplätzen". Dort wurde nämlich damit begonnen, diese Begriffe zu vermischen. Lange bevor sich Dominanztheoretiker und Rudelführer aus Übersee bei uns – unter anderem auch im Fernsehen – breitgemacht haben.

Als ich ein kleines Mädchen war, habe ich jeden Hund bei uns im Dorf gekannt. Namentlich, persönlich und ich habe auch gewusst, welcher sich streicheln ließ und welchem man besser aus dem Weg ging. King, den hellen, schlanken Schäferhund vom Skifabrikanten, Rolfi, den großen, dunklen Schäfer vom Raumausstatter und Rexi, den schwarzen Mischling, der am Ende unserer Straße gewohnt hat, sollte man in Ruhe lassen, wenn sie einem auf ihren täglichen, unbegleiteten Rundgängen begegneten. Nicht laufen, nicht zu knapp mit dem Fahrrad an ihnen vorbeifahren. Das wusste jeder.

Und jeder wusste auch, dass man Arko nicht belästigen durfte, wenn er vor dem Lebensmittelgeschäft liegend auf seinen Menschen wartete. Auf dem Weg zu diesem Geschäft trug Arko den leeren Einkaufskorb, streng bei Fuß, während sein Herrchen, ein pensionierter Polizist, zackigen Schrittes sein Ziel anvisierte. Ein knappes „Sitz!" und Arko saß. „Aus!" und der Einkaufskorb wurde ihm abgenommen. Ein scharfes „Platz!", Arko legte sich hin und blieb liegen, bis er wieder abgeholt und mit „Fuß!" in die richtige Position für den Heimweg gebracht wurde. Den vollen Einkaufskorb musste er wenigstens nicht tragen. Den Ablauf dieses täglichen Ereignisses kenne ich so genau, weil er eines der wiederkehrenden Highlights in den Ferien war. Genauso wie der mobile Bäcker und der Zug, der hinter geschlossenen Bahnschranken den Ort durchquerte.

querte. „Der Bäcker koooommt!", „Der Zug koooommt!", „Der Arko kooo-ommt!", wurde gerufen und alle Kinder kamen gelaufen, um dem jeweiligen Schauspiel beizuwohnen.

Während Bäcker und Zug zwar auch spektakulär, aber weitgehend durchschaubar waren, umgab den braven Arko ein Hauch von Mystik. Wer Geld hatte, konnte beim Bäcker Köstlichkeiten erwerben. Die, die nichts kaufen konnten, hatten zumindest die Hände frei und benutzten sie, um den wenigen Fahrgästen im vorbeifahrenden Lavanttal-Express zuzuwinken. Aber aus Arko wurden wir nicht schlau. „Er war in einer Hundeschule", wurde geraunt und wir zerbrachen uns den Kopf, was dort wohl gelehrt werden könnte. Wilde Spekulationen standen im Raum, aber nie hat es jemand von uns gewagt, bei Arkos Herrchen nachzufragen. Ich glaube, sein strenger Befehlston war auch für uns recht abschreckend.

Mittlerweile weiß ich, was in der Hundeschule damals gelehrt wurde und leider weiß ich auch, wie das vonstatten ging. Angelehnt an die Polizeihundeausbildung wurde auf Gehorsamsprüfungen hingearbeitet. Es gab Basisübungen wie „Sitz, Platz, Fuß", zusätzlich wurde das Apportieren geübt und Angehörige der Gebrauchshunderassen kamen auch noch in den „Genuss" der sogenannten Schutzhundeausbildung inklusive einer Fährtenprüfung. Gearbeitet wurde fast ausschließlich über Zwang und Strafen. Der Hund hatte zu parieren. Eine perfekte Spielwiese, um Komplexe aller Arten zu pflegen, im Kreis Gleichgesinnter endlich das Mütchen an Untergebenen kühlen zu können und dabei auch noch ein bisschen „Polizei zu spielen". In Vereinen organisiert traf man sich, um (menschliche) Sozialkontakte zu pflegen, Hunden Gehorsam beizubringen, die Leistungen der Hunde (seltener die der Menschen) zu vergleichen und sich anschließend gemeinsam zu betrinken. All das selbstverständlich nur zum Wohle der Hunde, die während des vereinsgesellschaftlich notwendigen Umtrunks in kleinen Zwingern oder angekettet auf Paletten auf ihre Besitzer warten mussten. Schweigend und ergeben, denn „Unterordnung und Disziplin" waren schließlich das allgemeine Begehren.

In der ersten Hundeschule, die ich mit meinen Hunden besuchte, war auf einem Schild zu lesen: „Wer den Hund mit ins Vereinshaus nimmt, muss einen Liter Wein bezahlen!" Noch teurer (und halblustiger) wurde es, wenn sich ein Hund aus seiner misslichen Situation befreite und seinen Herrn und Meister im Vereinshaus suchte. Dann wurde nämlich sogar ein Doppelliter fällig. Die Höchststrafe gab es, wenn ein Hund anhaltend bellte – also verzweifelt nach seinem Menschen rief. Letztgenannter musste für dieses Vergehen zusätzlich zum Wein eine Runde Schnaps bestellen. Die Höhepunkte des Vereinslebens stellten die halbjährlich abgehaltenen Abschlussprüfungen dar. Hinter vorgehaltener Hand wurde empfohlen, die Hunde vorher zwei Tage lang nicht zu füttern und am Tag der Prüfung Wurst in die Hosentasche zu stecken, um besonders „freudiges Arbeiten" herbeizuführen.

Auch wenn immer beteuert wurde, dass man all diese „Mühen" doch nur aus blanker Liebe zum Hund auf sich nehmen würde, konnte man spätestens bei den Prüfungen ganz leicht feststellen, wie es um diese Liebe tatsächlich bestellt war. Hunde, die nicht gut abschnitten, wurden öffentlich gemaßregelt (auch wenn, wie meistens, der Fehler beim Hundeführer lag) und grob ins Auto oder den Zwinger befördert. Aber auch den Siegern erging es nicht sehr viel besser. Die wurden nämlich als Anerkennung am Kopf getätschelt, mit ihren Pokalen oder Medaillen fotografiert und wanderten dann ebenfalls ins Auto, den Zwinger oder auf eine Palette, während sich die erfolgreichen „Hundesportler" zum wohlverdienten Umtrunk begaben, der schon einmal etwas länger dauern konnte, um ihre großartigen Leistungen gebührend zu feiern. Ich glaube, diese Vorläufer der modernen Hundeschulen haben das Bild des „Hundefreundes" bis in die heutige Zeit nachhaltig geprägt.

Nachdem „Hundeerziehung" immer im Abstand von 10 bis 20 Jahren den Strömungen der Kindererziehung folgt, fand nach und nach ein Umdenken statt. Die Prügelstrafe wurde weitgehend abgeschafft, es wurde kaum mehr Alkohol ausgeschenkt und Spezialisierungen auf gewisse Themen wie Agility, Obedience oder Retriever-Training hielten Einzug. Langsam wurde unterschieden zwischen „Ausbildung", „Erziehung" und „Training", aber die Vermischung dieser Begriffe hat nachhaltigen Schaden angerichtet und es wird wohl noch viel Zeit brauchen, diese Verwicklungen vollständig aufzudröseln. Denn von keinem Kind wurde je erwartet, dass Fußballtraining es dazu bringen würde, selbstständig sein Zimmer aufzuräumen oder eine positiv absolvierte Mathematikschularbeit höfliches Grüßen bewirkt. Bei Hunden tun wir aber genau das! „Sitz", „Fuß",

„Platz“ und „Hier“ gelten als sogenannte Grundkommandos und deren unverzügliche Ausführung sowie „Stillsein“ und „Auf-seinem-Platz-Bleiben“ stellen den Inbegriff des wohlerzogenen Hundes dar. Aber schauen wir uns einmal genauer an, welcher Begriff was beinhaltet.

AUSBILDUNG Man kann Hunde zu allem Möglichen ausbilden. Jagdhund (je nach Rasse und Aufgabengebiet), Blindenführhund, Drogensuchhund, Diensthund für Polizei und Militär, Rettungshund, Sporthund (wo immer noch die meiste Begriffsvermischung stattfindet) und vieles andere mehr. Die meisten dieser Ausbildungen enden mit Prüfungen und erfordern ständiges **TRAINING**, um den speziellen Anforderungen gerecht zu werden. Manche der Errungenschaften dieser Ausbildungen mögen auch im Alltagsleben hilfreich sein, aber der Großteil hat eben mit dem speziellen Charakter der jeweiligen Ausbildung zu tun. „Sitz“, „Fuß“, „Hier“ und „Platz“ sind Kommandos, die durch Training gefestigt werden, aber sie allein sind keine Erziehung. Ein Kind, das in der Schule rechnen lernt, kann zwar daheim immer noch Zahlen addieren, aber das bedeutet nicht, dass es auch weiß, wann es zu Bett gehen soll. Niemand würde Fußballtraining als Fußballerziehung bezeichnen und glauben, wenn er seinem Kind „Gib ab!“ zuruft, es würde unverzüglich den Müll raustragen. Ich möchte hier aber gar nicht weiter auf Ausbildung und Training eingehen. In diesem Buch geht es um Erziehung oder das, was wir bisher darunter verstanden haben … und was sie sein könnte.

ERZIEHUNG hat mit dem richtigen Leben zu tun. Mit unserem Alltag und der Fähigkeit, sich darin so zurechtzufinden, dass anderen Menschen und Tieren dadurch kein Schaden zugefügt wird und unser privates Zusammenleben zur Zufriedenheit aller Beteiligten abläuft.

Solange oben genannte Begriffe aber nicht voneinander losgelöst in unseren Köpfen angekommen sind, wird immer eine gewisse Distanz zwischen Mensch und Hund herrschen, die echter Freundschaft nicht zuträglich ist und täglich dafür sorgt, dass es Hunden viel schwerer als nötig gemacht wird, sich in unserer komplexen Welt zurechtzufinden.

Kapitel 2

Ein Schritt aus dem Kreis

Wie ich schon in der Einleitung geschrieben habe, finde ich, dass wir uns seit geraumer Zeit im Zusammenleben mit Hunden im Kreis drehen, obwohl wir schon ein ganzes Stück weiter sein könnten. An den Hunden liegt das nicht, die waren nämlich von Anfang an bereit für mehr.

In den Hundeschulen hat sich damals (in den 1990er Jahren) viel geändert. Im deutschsprachigen Raum begann dieser Umbruch erst so richtig, als „animal learn“ auf der Bildfläche erschien. Clarissa von Reinhardt hatte eine Hundeschule und einen Verlag gegründet. Die dort erschienenen Bücher stellten unsere gesamte Hundetrainingswelt auf den Kopf. Hunde wurden plötzlich nicht mehr gezwungen, Kommandos auszuführen, sondern die Ausführung wurde mit ihnen gemeinsam erarbeitet. Hunde und Menschen marschierten nicht mehr zu Dutzenden im Kreis und wurden nicht mehr vom in der Mitte stehenden Trainer mittels Megafon angeherrscht „SITZ!“ oder „PLATZ!“ zu fordern und auszuführen.

„Sitz“ wurde den Hunden noch bei meinen ersten Hundeschulbesuchen beigebracht, indem sie an der Würgekette ruckartig hochgezerrt wurden, bis ihr Hinterteil den Boden berührte, während ihnen das dazugehörige Kommando in scharfem Ton um die Ohren flog. „Platz“ lehrte man, indem in Halsnähe auf die Leine getreten wurde, bis der Hund nicht mehr anders konnte, als sich hinzulegen, weil er sonst keine Luft mehr bekommen hätte. „Fuß“ war immer begleitet von einem heftigen Leinenruck, dem der Hund irgendwann zu entgehen versuchte und sich (im besten Fall) keinen Schritt von seinem „Führer“ mehr wegzubewegen traute. Die Begründung dafür war bemerkenswert: „Wenn du ordentlich anreißt, ist das viel schonender, weil dann merkt er sich's gleich und du musst das künftig nicht mehr so kräftig und so häufig tun!“ Das war übrigens bereits im Welpenkurs so, der ja als Vorbereitung für alle weiteren Kurse dienen sollte. Und das sind nur die harmloseren Verbrechen, die damals an Hunden begangen wurden. Was mit renitenten Hunden passierte, erspare ich Ihnen (und mir) zu erzählen. Den Grausamkeiten waren jedenfalls nach oben hin keine Grenzen gesetzt.

Ich war in diesen Zeiten des Umbruchs erst seit kurzem Trainerin in einem Verein, der im Vergleich dazu sehr freundlich zu Hunden war, und als Anfängerin wurden mir natürlich die Welpen zugeteilt. Ein sehr verbreiteter Trugschluss war, dass man bei denen nicht viel falsch machen könne, weshalb Jungtrainer immer bei den Welpen begannen, während die alten Hasen für die Unterordnung zuständig waren. Bei uns wurde noch zusätzlich Agility angeboten und nach ein paar Turniersiegen mit meinem eigenen Hund durfte ich auch dort mitarbeiten und bald eigene Gruppen betreuen. Ich hatte mir für meine Trainerambitionen genau diesen Verein ausgesucht, weil er für damalige Verhältnisse wirklich modern war. Es wurde mit Futterbelohnung gearbeitet, die Hunde durften auch Brustgeschirre tragen, was in den meisten anderen Hundeschulen verboten war (Begründung: Über das Brustgeschirr kannst du nicht auf den Hund „einwirken"), und wenn jemand seinen Hund anbrüllte oder schlug, kam die Obfrau herbeigeeilt und wies den Menschen mit scharfen Worten zurecht. Auch an der Leine zu rucken war verboten.

Letztlich überzeugt haben mich aber die Trainingsmethoden im Agilitykurs, denn in meiner alten Hundeschule hätten wir den Hunden den Slalom noch folgendermaßen beibringen sollen: Der Hund wurde mit Würgeband und Leine an der linken Seite des Menschen gehend frontal zum Slalom geführt. Für den Eintritt hinter der ersten Slalomstange wurde nach links gezeigt und „Slaaa" gesagt. Hatte der Hund richtig eingefädelt, wurde er mit „Fuß" wieder um die Stange herum zurückgeholt. Und die nächste Stange „Slaa" – „Fuß", „Slaa" – „Fuß", „Slaa" – „Fuß" und so weiter, bis der gesamte Slalom absolviert war. Es hat damals nicht wenige Hunde gegeben, die dann am Parcours ohne Leine den Slalom gemieden haben wie der Teufel das Weihwasser. Kein Wunder. Nach unserem ersten Slalomtraining habe ich die alte Hundeschule verlassen. An den Unterordnungskursen hatte ich ohnehin nie teilgenommen. Zuzuschauen hatte mir vollkommen gereicht …

In der neuen Hundeschule wurde mit Futterbelohnung und Körpersprache gearbeitet. Eine Wohltat für viele von uns. Nicht nur für die Hunde. Auch wenn es inzwischen bedeutend modernere Methoden gibt, einem Hund den Slalom beizubringen, habe ich damals extrem viel über Körpersprache gelernt, was mir bis heute im Umgang mit jagenden Hunden große Vorteile bringt.

Und in diese Zeit der zaghaften Umbrüche platzten die neuen animal learn Methoden hinein wie eine Bombe. Nicht wenige von uns sogen das, was in den Büchern stand, auf wie Schwämme. „Calming Signals“ von Turid Rugaas wurde als Geheimtipp herumgereicht. Als ich mein Exemplar kaufen wollte, war es noch so neu, dass es ausschließlich über den Verlag bestellt werden konnte. Per Brief, denn „Internet für jeden“ gab es damals noch nicht.

Alles fühlte sich so viel besser an als die alten Methoden, dass die Erleichterung darüber körperlich spürbar war, denn auch in unserem vergleichsweise modernen Verein wurde nicht wirklich auf die Bedürfnisse der Hunde eingegangen. Die Gruppen waren zum Beispiel viel zu groß und für fast alle Hunde bedeutete das enormen Stress, den niemand von uns erkannte. Erst durch animal learn erfuhren wir, dass Lebewesen unter Stress kaum bis gar nicht lernen können, dass Hunde mehr Abstand zueinander brauchen und dass unsere Art des Agility-Trainings ein Hochpushen ohne Ende war, dessen Auswirkungen oft erst Tage später sichtbar wurden. Bisher unerklärliche Verhaltensweisen ergaben plötzlich Sinn.

Hunde, die Probleme mit Artgenossen hatten, wurden nicht mehr mit „Nein! Fuß!“ an ihren Kontrahenten vorbeikommandiert, sondern bekamen Raum und Distanz geboten, um sich mit der Situation auseinandersetzen zu können. Die lockere Leine löste ihre straff gespannte Vorgängerin ab. Gebrüllte Kommandos gab es nicht mehr. Es wurde leise und freundlich mit Hunden gesprochen. Sogar die sogenannten „Grundkommandos“ wurden überarbeitet und durch andere Wörter und einladende Körpersprache ersetzt. Für Trainer, die bereit zu dieser Art der Veränderung waren, eröffneten sich ungeahnte Möglichkeiten. Natürlich gab es noch heftigen Widerstand der alten Trainerriege, aber Clarissa von Reinhardt hatte uns ein Tor geöffnet und durch ihre Bücher Argumentationshilfen an die Hand gegeben, die ein starkes Gegengewicht darstellten und nicht mehr als verweichlichtes Geschwätz sentimentaler Weicheier abgetan werden konnten, wie es zuvor gang und gäbe war. Als dieses Tor einmal geöffnet war, gab es kein Halten mehr! Von allen Seiten kamen plötzlich „neue" Methoden herangebraust. Allen voran der Clicker, der uns wie ein Geschenk des Himmels erschien. Bücher zu Hundethemen waren plötzlich Must-haves in der modernen Trainerszene und die Ära der Seminare begann.

Auch ich habe unzählige davon besucht. „Clickertraining", „Calming Signals", „Tellington TTouch", „Agility", „Breitensport", „Lerntheorie", „Mentaltraining im Hundesport", „Die Sinne des Hundes", „Problemhunde – Hundeprobleme" und viele andere mehr. Die meisten mehrmals. Ein wahres Füllhorn an Wissen hat sich damals über uns ausgebreitet und stand in krassem Gegensatz zu den Pflichtseminaren, die Vereinstrainer damals als Fortbildung absolvieren mussten. Zwei der Pflichtseminare sind mir besonders gut in Erinnerung geblieben, weil sie so eindrucksvoll den Scheideweg, auf dem wir uns befanden, illustrierten. Auf der einen Seite die kleinen, feinen, selbst bezahlten Seminare, die erfüllt waren von Leichtigkeit und einer hoffnungsvollen Aufbruchsstimmung und auf der anderen Seite, die vom Verband (dem alle Vereine angeschlossen sein mussten, damit die abgehaltenen Prüfungen auch tatsächlich offiziell gültig waren) organisierten, großen, schwerfälligen Seminare voll längst überholtem Trainer(halb)wissen.

Das eine Seminar hatte Ressourcenverteidigung zum Thema. Frage vom Vortragenden: „Was tut ihr, wenn der Hund sich seinen Futternapf nicht wegnehmen lässt?" Zahlreiche Meldungen per Handzeichen: „Ich schicke den Hund aus der Küche!" (zustimmendes Gemurmel), „Ich befehle ihm AUS und PLATZ!" (wohlwollendes Nicken), „Ich packe ihn am Genick, weil er mich nicht anzuknurren hat, denn das würde die Mutterhündin auch tun!" (Beifall), „Ich füttere ihn künftig aus der Hand!" (Gelächter), „Ich benutze einen Futterdummy. Er muss sich sein Futter erarbeiten!" (beeindrucktes Gemurmel), „Warum soll ich ihm die Futterschüssel wegnehmen?" (höhnisches Gelächter). Dann die wohl für alle überraschende Auflösung durch den Vortragenden: „Ich lege ihm einen Maulkorb an und nehme die Schüssel vor seinen Augen so oft weg, bis er versteht, dass er keine Chance hat! Über Ressourcen bestimmt der Chef, sonst niemand! Merkt euch das!" Ein Pflichtvortrag für Hundetrainer in den 2000er Jahren wohlgemerkt!

Das zweite Pflichtseminar, das mir nachhaltig im Gedächtnis geblieben ist, war eine Fortbildung für Welpen- und Junghundetrainer. Die Vortragende erbat sich einen der anwesenden Junghunde zu Demonstrationszwecken und zeigte uns folgende Übung: Der Hund sollte lernen, erst nach dem Menschen zur Tür rauszugehen. Zu diesem Zweck eilte sie mit dem angeleinten Hund in Richtung Türe und öffnete diese. Der Hund, der bereits den ganzen Vormittag brav unter dem Tisch liegend gewartet hatte, folgte der vermeintlichen Einladung freudig und wollte raus. Rums, wurde ihm die Tür vor der Nase zugeschlagen und zwar so vehement, dass er mit dem Kopf dagegen stieß. Der Großteil der Seminarteilnehmer lachte, einige blickten sich betreten um. Der Hund ging verwirrt einen Schritt zurück. Lob.

Zweiter Versuch. Tür auf. Hund will raus. Rums. Dritter Versuch. Und so weiter. Es war erbarmungswürdig anzusehen, wie der Hund mit jedem Versuch verwirrter und verzweifelter wurde. Irgendwann gab er auf und versuchte nicht mehr, durch die sich öffnende Tür zu gehen. Die Vortragende ging hinaus und forderte den Hund auf, mitzukommen. Ganz zaghaft schlich er hinter ihr her. Als sie wieder zurückkamen, meinte sie gönnerhaft: „Na, das war wohl schon dringend!" Und viele lachten. Ich schäme mich bis heute, nicht aufgestanden zu sein, um diese Quälerei zu beenden. Gleich darauf war Mittagspause und an unserem Tisch entwickelte sich eine lebhafte Diskussion darüber, ob und wie man dieses „Problem" hätte anders lösen können.

Manche fanden die Vorgehensweise der Vortragenden gut, weil der Hund „nicht vor dem Menschen durch die Tür zu gehen habe" und er es so zwar auf die unangenehme Weise, aber wohl nachhaltig lernen würde. Manche empfanden die Erfahrungen des Hundes nicht einmal als unangenehm. Manche boten andere Lösungsvorschläge. Nur ein anderer Trainer und ich stellten die Frage, warum der Hund überhaupt erst nach uns durch die Tür gehen sollte. Wir einigten uns schließlich darauf, dass es in manchen Lebenssituationen eben nötig sei, zuerst die Umgebung zu sichten und dann erst den Hund dazu zu holen.

Unter diesen Voraussetzungen entstanden dann folgende Trainingsentwürfe:

DIE TÜR IST GESCHLOSSEN. DER HUND MUSS NICHT DRINGEND PINKELN UND IST NICHT AN DER LEINE.

Entwurf 1: Wir definieren mittels Clicker eine Linie, die er nicht unaufgefordert überschreiten soll, egal was kommt. Trainiert wird sowohl bei geschlossener als auch bei offener Tür. Noch ohne rauszugehen. Dann kleinschrittig weiter, bis auch die Leine dran ist und wir irgendwann tatsächlich rausgehen.
Vorteil: gewaltfrei und ruhig, sinnvolle Beschäftigung mit dem Hund (geistige Auslastung!)
Nachteil: längeres Training nötig (weil irgendwann muss der Hund raus, auch wenn er die Übung noch nicht beherrscht), relativ schwierig zu generalisieren

Entwurf 2: Der Hund lernt (mit oder ohne Clicker), sich vor jeder geschlossenen Tür hinzusetzen und auch sitzen zu bleiben, wenn diese geöffnet wird. Die Tür sollte jedes Mal geschlossen werden, wenn der Hund den Ansatz zeigt, gleich aufzustehen.
Vorteil: gewaltfrei, ruhig, viele mögliche Trainingsgelegenheiten
Nachteil: penible menschliche Konsequenz nötig

Entwurf 3: Der Hund lernt das Kommando „Warten“ (mit oder ohne Clicker), unabhängig von dem Vorhandensein von Türen und ohne sich dafür in eine bestimmte Position begeben zu müssen, er kann also selbst entscheiden, ob er sitzen, liegen oder stehen möchte.
Vorteil: breit einsetzbar, unendliche Trainingsgelegenheiten, gewaltfrei, Trainingsstand unerheblich, wenn es einmal schnell gehen muss
Nachteil: ohne fixe Position des Hundes nicht ganz leicht „durchzusetzen“, was bei mangelnder Empathie Menschen wieder zu unfairem Verhalten verleiten könnte

Ich habe mir unsere Trainingsentwürfe von damals dauerhaft gemerkt, weil sie im Gegensatz zur gängigen Praxis modern und kreativ waren und wir von ihrer Sinnhaftigkeit vollkommen überzeugt waren. So richtig interessant finde ich sie aber erst heute, weil sie für mich einen Zwischenschritt darstellen, der nötig war, um weiter lernen zu können. In diesem Fall war der eine Schritt die zugeknallte

Tür. Dem Hund wurde durch physische Einwirkung beigebracht, was er NICHT tun soll. Dem standen unsere Vorschläge gegenüber, bei denen der Hund gewaltfrei dazu gebracht wurde, etwas zu tun, was wir belohnen konnten.

Aber aus heutiger Sicht würde ich weder verhindern noch trainieren, sondern die sich aus dem Zusammenleben ergebende Kommunikation nutzen, um dem Hund zu erklären, was gerade nötig ist. Ganz einfach!

Kapitel 3

Was soll Hundeerziehung bewirken?

Da hatten wir nun all diese tollen, neuen Werkzeuge in die Hand bekommen und standen vor nahezu unendlichen Möglichkeiten, sie zu benutzen. Der durchschnittliche hundehaltende Mensch wünscht sich einen gut erzogenen Hund. Nach der Definition von „gut erzogen“ gefragt, antworten die meisten: „Ach, nichts Besonderes. Er soll kommen, wenn er gerufen wird, stubenrein sein und nichts kaputt machen.“ Das klingt einfach, klar und logisch. Fragt man genauer nach, wird es schon komplizierter. Eigentlich soll der Hund nämlich auch noch mit Artgenossen verträglich sein, überallhin mitgenommen werden können und sich dort unauffällig verhalten, nicht an der Leine ziehen, Kinder (wahlweise auch alle anderen Menschen, außer natürlich Einbrecher) mögen, freudig spazieren gehen (außer der Mensch hat gerade keine Lust), eine „starke Bindung“ zu seinem Menschen haben (also immer hinter dem Menschen her sein, außer es ist ihm gerade lästig), brav alleine bleiben, jeden Auslastungsunfug dankbar annehmen, nicht jagen, nur dort pinkeln, wo es erwünscht ist, geduldig warten, wenn der Mensch mit anderen Menschen tratscht, Besuch freundlich empfangen, dann aber nicht weiter stören, kaum bellen – und das ist noch längst nicht alles.

All das sind Erwartungen, die Hunde erfüllen sollen. Tun sie das nicht, werden sie erzogen. Es wird aberzogen und anerzogen, umerzogen, am Hund gezogen, damit er ins Schema „braver Hund“ passt. Die Methoden, mit denen dabei gearbeitet wird, haben sich glücklicherweise in eine viel bessere Richtung entwickelt, aber der Zweck ist der gleiche geblieben.

Erziehung soll die Änderung von Verhalten bewirken oder von uns gewünschtes Verhalten fördern und das erfordert Bewertung. Es muss dabei also immer jemanden geben, der „richtig“ und „falsch“ definiert. Das allein wäre noch nicht so schlimm, würde sich der bewertende Mensch dabei lediglich an gesetzliche und soziale Vorgaben halten. Leider sind wir aber im Umgang mit Hunden genau wie im Umgang mit Kindern bei aller Modernität in althergebrachten Systemen gefangen. Bewertet wird nämlich nach Vorgaben der Leistungsgesellschaft. Nicht Ethik oder Empathie oder auch nur blanke Zuneigung schauen uns dabei auf die Finger, nein, die Nachbarn sind es. Andere Hundehalter (oder Eltern) sind es. Das, was wir im Internet vorgesetzt bekommen, ist es. Fernseh-Hundetrainer sind es. Und natürlich die eigenen, prägenden Erfahrungen mit dem Erziehungssystem, das auf Belohnung und Strafe basiert.

Wir haben so lange gelernt, dass „Bravsein" und „Funktionieren" erstrebens-, weil belohnenswert ist, dass wir ganz vergessen haben, wie interessant und kreativ Lebewesen sind, bevor sie „erzogen" und damit verändert werden. Dass so manchem, der diese Zeilen liest, jetzt das Wort „Anarchie" in den Sinn kommt, ist der Beweis dafür, dass wir in dieser Hinsicht in viel zu großen, allgemeinen, althergebrachten Kategorien denken. Und dass wir den Willen zur Anpassung an das eigene Umfeld unterschätzen, der allen sozialen Lebewesen in die Wiege gelegt ist.

Also nicht erziehen? Das klingt schon bei Kindern ungeheuerlich. Wie absurd mag das in Bezug auf Hunde wirken? Bevor die Empörung zu groß wird, möchte ich zwei ganz einfache Beispiele dafür anführen, in welch kleinem Rahmen sich das abspielt, was ich meine.

Erziehungsauftrag 1

EIN KIND SOLL LERNEN, SEINE HAUSAUFGABEN SELBSTSTÄNDIG UND VERLÄSSLICH ZU ERLEDIGEN

Methode 1: „Mach deine Aufgabe, sonst bekommst du Ärger!"

Vorteil für den Erwachsenen: Klaren Auftrag erteilt. Konsequenz angekündigt. Fertig.

Vorteil für das Kind: Klaren Auftrag und die Aussicht, einer Strafe zu entgehen, erhalten.

Nachteil: Der Fokus liegt im Danach und nicht bei der Aufgabe. Zusätzlich wächst entweder der Druck wegen „Angst vor Strafe" oder das Kind hat ohnehin gelernt, dass das meist leere Drohungen sind. Die Folge ist Verunsicherung, aber sicher keine Selbstständigkeit.

Methode 2: „Zuerst machst du die Aufgabe, dann darfst du spielen/ fernsehen/ Freunde treffen!"
Vorteil für den Erwachsenen: Klaren Auftrag erteilt. Nichts weiter zu tun.
Vorteil für das Kind: Klaren Auftrag erhalten. Belohnung in Aussicht.
Nachteil: Hausaufgaben zu machen, wird zu etwas Unangenehmem (bzw. noch Unangenehmerem), das man überwinden muss, um zur Belohnung zu gelangen. Je nach Charakter und Hochwertigkeit der Belohnung werden eher Strategien zur Umgehung des Unangenehmen ersonnen, als sich mit der Hausübung selbst auseinanderzusetzen. Selbstständigkeit ist nicht zu erwarten.

Methode 3: Dem Kind wird ein angenehmer, heller Arbeitsplatz zur Verfügung gestellt. Hilfe bei der Hausübung wird angeboten. Orangensaft und Snacks werden geholt. Der Ton bleibt ruhig und freundlich, auch wenn das Kind unwillig reagiert. Bei erfolgreicher Erledigung wird die Arbeit sehr gelobt, das Kind „brav" genannt. Bei andauerndem Unwillen des Kindes wird es ruhig zum Nachdenken in sein Zimmer geschickt und bekommt 20 Minuten später eine „zweite Chance".
Vorteil für den Erwachsenen: Er kann von sich behaupten, nach modernen Methoden gehandelt zu haben und fair geblieben zu sein.
Vorteil für das Kind: Wenig Druck, keine Angst, gutes Lernklima, „sich zu fügen" wird ihm nicht schwer gemacht.
Nachteil: Keine Chance, dem Leistungsgedanken zu entkommen. Folge: keine Selbstständigkeit aus eigenem Antrieb.

Methode 4: „Wo würdest du denn gern die Hausübung machen? Ja, ich weiß, am besten nirgends (ist mir als Kind auch schwer auf die Nerven gegangen), aber das gehört halt dazu, wenn man in die Schule geht. Welche Fächer musst du denn überhaupt erledigen? Okay, Mathe? Uiii, da war ich immer schlecht. Kannst du mir das erklären? Vielleicht lern ich das ja noch als alter Sack? Auf der Couch? Okay, ich mach mir einen Kaffee. Da brauch ich alle meine Hirnzellen. Magst du auch was trinken? Möchtest du gleich loslegen oder hast du noch was zu tun vorher?"

Anschließend: „Na, du bist ja super! So schnell und so gut erklärt! Danke! Morgen musst du mir unbedingt wieder was erklären und ich erzähl dir dafür, wie schlimm ich in der Schule war. Vielleicht finde ich noch ein altes Mitteilungsheft."
Vorteil für den Erwachsenen: Möglicherweise lustige Erinnerungen. Feststellung, dass „alter Sack sein" gar nicht schlimm sein muss.
Vorteil für das Kind: Ernst genommen zu werden.
Nachteil: Möglicherweise werden nicht alle Hausübungen erledigt, aber auch dazu zu stehen und sich mit der Lehrperson darüber auseinanderzusetzen gehört zum Erwachsenwerden dazu.

Natürlich setzt die letzte Methode einiges voraus und stellt bei Funktionieren sicher eine Idealvorstellung dar, aber sie illustriert für mich am besten, dass die Kluft zwischen Erziehendem und Erzogenem nicht so groß sein muss, wie wir vermuten und dass das Wir-Gefühl ruhig wachsen darf, um dem Druck von außen standzuhalten.

Erziehungsauftrag 2

EIN HUND SOLL LERNEN, SICH BEI BESUCH RUHIG ZU VERHALTEN

Methode 1: Der Hund wird auf seinen Platz geschickt oder gebracht. Dort soll er bleiben. Notfalls (wenn drohendes „sich über ihn beugen" nichts nützt) wird er dort angebunden und ihm befohlen, still zu sein, bis er wieder aufstehen darf. Wahlweise wird er auch in eine Box gesperrt.
Vorteil für den Menschen: Einfach durchzuführen.
Vorteil für den Hund: Keiner.
Nachteil: Der Ruheplatz des Hundes verliert seine Unschuld und wird möglicherweise künftig gemieden. Besuch wird vermutlich noch weniger geschätzt als vorher.

Methode 2: Dem Hund wird ein Ruheplatz zugeteilt. Er wird dorthin geführt oder geschickt und umgehend mit Futter belohnt. Steht er auf, wird er konsequent wieder zurückgeführt oder -geschickt und wieder belohnt, wenn er dort bleibt. Angefangen wird mit kurzen Einheiten, die sich zunehmend in die Länge ziehen. Das Ziel ist, dass der Hund auf seinem Ruheplatz bleibt, bis ihm erlaubt wird, sich davon zu entfernen.
Vorteil für den Menschen: Klarer Plan, mit Konsequenz leicht durchzuführen.

Vorteil für den Hund: Zumindest frei von körperlicher Gewalt.
Nachteil: Der Hund lernt zwar, auf seinem Platz zu bleiben, empfindet bei Besuch aber das Gleiche wie zuvor und wird gezwungen, auf dem Platz zu bleiben, der eigentlich sein freiwillig aufgesuchter Wohlfühlort sein sollte.

Methode 3: Der Hund lernt, auf eine bestimmte Decke zu gehen und dort zu bleiben. Alle angenehmen Dinge der Welt passieren dort. Zusätzlich werden Entspannungssignale aufgebaut. Die Übungseinheiten sind kurz und freundlich. Der Hund lernt, diese Decke zu lieben. Nach und nach werden Freunde und Nachbarn zu Übungszwecken eingeladen. Der Hund darf die Besucher begrüßen, wird belohnt, dann kurz auf seine Decke geschickt und wieder belohnt. Dann geht der Besuch wieder, während der Hund noch brav auf seiner Decke liegt (oder sitzt, ganz wie er möchte). Die Decke wird an einen Ort gelegt, der dem Hund ermöglicht dabei zu sein, aber nicht belästigt zu werden. Alle Übungseinheiten sind darauf ausgerichtet, den Hund nicht zu überfordern und jeder Schritt wird ausreichend langsam aufgebaut. Zusätzlich gibt es Lob und Belohnung für jedes zusätzliche erwünschte Verhalten.
Vorteil für den Menschen: Er hat wohl viel über Hundeerziehung gelernt. Angenehme, freundliche, ruhige (wenn auch recht langwierige) Beschäftigung mit dem Hund. Die auf diese Weise „aufgebaute Decke" ist auch in anderen Situationen hilfreich (Tierarzt, Hotel, Homeoffice, Seminare, Besuche in fremden Wohnungen).
Vorteil für den Hund: Sicherer Rückzugsort, angenehmes Lernklima, klare Anforderungen, die bei Verstehen auch leicht umgesetzt werden können. Entspannung.
Nachteil: Eigentlich keiner, abgesehen von dem oft aufwändigen und langwierigen Aufbau.

Methode 4: Der Hund muss bei Besuch nicht ruhig sein. Er wohnt hier. Besuch wird begrüßt und dem Hund der Name der Person mitgeteilt: „Ja schau, da kommt die Sandra! Ist das super!" Idealerweise hat der Besuch selbst Kekse mit, die während der Begrüßung oder kurz danach überreicht werden. Sonst gibt es eben eigene Kekse, bei heftiger Aufregung großzügig am Boden verstreut. Kaffee wird gekocht und serviert. Es wird auf der Couch Platz genommen und die Menschen unterhalten sich. Der Hund wird miteinbezogen, gestreichelt und gelobt. Irgendwann hat er genug davon und schläft ein. Wo auch immer er das eben tut.

Vorteil für den Menschen: Es kommen nur Menschen, die man wirklich mag und man muss sich nicht verstellen.

Vorteil für den Hund: Er lernt nette Menschen kennen, findet Besuch vielleicht toll, kann sich zurückziehen oder am Geschehen teilnehmen und lebt sein normales Leben weiter.

Nachteil: Eventuell sind in den ersten Minuten des Besuchs keine tiefsinnigen Gespräche möglich. Nur für Menschen geeignet, denen gesellschaftliche Konventionen weitgehend egal sind und die sich selbst nicht ganz so ernst nehmen. Und für solche, denen möglicherweise langsam dämmert, dass wir in Hunden auch einfach Freunde in anderem Gewand sehen können.

FAZIT

Was Erziehung bewirken soll, ist eine höchst individuelle Angelegenheit. Wie diese Erziehung aussehen soll, auch. Wir haben, wie eingangs erwähnt, mittlerweile höchst taugliche, moderne und freundliche Werkzeuge an die Hand bekommen, um Hunde reinen Gewissens gewaltfrei erziehen zu können.

Was wir aber in unsere Überlegungen und Erziehungspläne noch nicht (oder zumindest nicht ausreichend) miteinbeziehen, ist ihre Fähigkeit, sich in unsere sozialen Strukturen, die den ihren so ähnlich sind, perfekt einzufügen. Ohne ausgeklügelte Erziehungspläne. Nur aus Freundschaft und weil ihnen ja auch kaum eine andere Wahl bleibt – was aber nichts daran ändert, weil Hunde einfach das nehmen, was kommt und das Beste daraus machen.

Wir gestehen Hunden bei aller Liebe noch keine eigene Persönlichkeit zu. Wir behandeln sie nach wie vor wie Untergebene, deren Leistung wir zu bewerten haben. Wir verstehen ihre Wünsche, ihre Kreativität, ihre Sorgen, ihre Talente und ihre Sprache noch immer nicht wirklich, maßen uns aber an, darüber zu urteilen. Und genau das ist es, was mich seit meinen Anfangszeiten am Thema Hundeerziehung stört. Jetzt hätten wir zwar endlich die Werkzeuge und den niederschwelligen Zugang zu Wissen, aber wir entwickeln uns in eine Richtung, die alles komplizierter macht. Kühler, distanzierter, technischer.

Wir umklammern mit unseren Händen krampfhaft Clicker, Futterdummy, Trillerpfeife, Trainingspläne und anderes Zeug, dabei würden wir sie dringend dafür brauchen, eine Tür aufzustoßen. Eine Tür zu einer weiteren Ebene des Zusammenlebens und der Verringerung der Kluft zwischen Erziehendem und Erzogenem.

Kapitel 4

Ja, aber …

Wenn Sie meinen Gedankengängen bis hierher gefolgt sind, hat sich beim Lesen sicher das ein oder andere „Ja, aber …" aufgedrängt. Ich habe ein wenig recherchiert, ein paar provokante Fragen gestellt und bekam viele Antworten. Auf einige davon möchte ich hier eingehen.

JA, ABER ICH MÖCHTE TROTZDEM NICHT, DASS MEIN HUND BESUCHER BELÄSTIGT!

Zum Beispiel meine gebrechliche Großmutter, denn das kann wirklich gefährlich werden für sie! Was für den eigenen Hausgebrauch wichtig oder unwichtig ist, ist eine höchst individuelle Angelegenheit. Natürlich würde ich auch nicht rufen: „Hurra, wirf die Oma um!" Ich hatte dieses Problem aber tatsächlich mit meiner sehr wilden Staffordshire Bullterrier Hündin Vicky. Wenn wir zu Besuch kamen, suchte die Oma einen stabilen Sessel auf, bevor wir durch die Tür stürmten. Ich muss aber dazu sagen, dass meine Oma diese stürmischen Begrüßungen geliebt hat und immer sehr lachen musste, wenn das wilde Tier voller Freude ihren Schoß enterte und sie mit Staffie-Küssen übersäte. Wir betrieben also Management nach unseren eigenen Gegebenheiten.

In anderen Familien sind die Gegebenheiten anders. Dafür gibt es ja freundliche Methoden, mittels derer man an konkreten Aufgabenstellungen oder Problemen arbeiten kann. Fehlt dafür die Zeit, zum Beispiel wegen eines Spontanbesuchs, kann man immer noch eine Hausleine verwenden, bis der Hund sich beruhigt hat. Eine Hausleine ist eine ganz leichte, ungefähr einen Meter lange Schnur, die am Brustgeschirr befestigt ist und dazu benutzt werden kann, den Hund sanft aus unguten Situationen herauszuführen oder ihn kurz festzuhalten, während er vielleicht mit einem Kauartikel beschäftigt ist und so von selbst zur Ruhe kommt.

„Miteinbeziehen" ist hier das Zauberwort. Der Hund lebt in der Familie. Das kann und versteht er. Allerdings müssen wir manche Situationen an den Hund anpassen und zwar so, dass er es auch nachvollziehen kann und nicht nur antrainiertes Verhalten abruft. Stellen Sie sich bitte ein dreijähriges Kind vor, das bei Besuch außer Rand und Band gerät (was nicht gerade unüblich ist). Würden Sie da trainieren, dass es in seinem Bettchen bleibt oder doch lieber kindgerecht mit seiner Aufregung umgehen? Vermutlich würden Sie es ein bisschen toben und mit dem Besuch interagieren lassen und dann auf den Schoß nehmen, ein wenig auf den Knien schaukeln und seinen Rücken streicheln, bis es sich beruhigt hat oder gar einschläft. Weder Hunde noch Kinder können lernen, wie sie sich verhalten sollen, wenn sie vom Geschehen ausgeschlossen werden. Ein wenig aus der Schusslinie nehmen, sich um ihre Bedürfnisse kümmern und dann Sicherheit und Nähe bieten. Beide kauen und nuckeln übrigens gern, um sich zu beruhigen. Auch da gibt es nicht so viele Unterschiede, wie manche glauben möchten.

JA, ABER MAN KANN HUNDE DOCH NICHT MIT KINDERN VERGLEICHEN!

Doch, kann man. Welpen mit ganz kleinen Kindern, junge Hunde mit Jugendlichen und Hunde ab dem Alter von drei Jahren mit Erwachsenen. Diese Entwicklung ist bei allen Säugetieren ungefähr gleich. Auch Menschen sind Säugetiere. Die einzige Besonderheit, die uns von anderen Säugetieren unterscheidet, ist die Überheblichkeit, mit der wir uns selbst als „Krone der Schöpfung“ bezeichnen und dabei alles rundum unterdrücken oder zerstören, bis wir uns höchstens noch „Könige der Asche“ nennen können (den Begriff habe ich mir von George R.R. Martin geliehen). Also ja, ganz eindeutig kann man Kinder mit Hunden vergleichen. Und beschützen müssen wir beide.

JA, ABER DAS IST DOCH VERMENSCHLICHUNG!

Wie jetzt? Unsere „besten Freunde“ sollen sie sein, aber wenn man sich dann selbst wie ein Freund verhält, ist es falsch? Außerdem habe ich noch nie verstanden, was dieses „Vermenschlichen“ überhaupt bedeuten soll, weil es sehr unterschiedlich gebraucht wird.

Für manche ist es „Vermenschlichen“, wenn Hunde Mäntel tragen oder im Bett schlafen – so als wären Wärme und Gemütlichkeit ein menschliches Privileg. Viele Hunde frieren im Winter oder bei Regen. Es ist ein Akt der Fürsorge, sie davor zu schützen. Dahingehende Vorwürfe kommen meistens von Leuten, die selbst dick eingepackt, bemützt und mit Handschuhen vor uns stehen und diese Weisheiten von sich geben. Würden diese Menschen ebenfalls ständig auf Kleidung verzichten, könnte ich das ja noch als deren Überzeugung gelten lassen, andernfalls ist es einfach nur ahnungsloses Geschwätz.

Im Bett zu schlafen hat auch nichts mit künstlich herbeigeführter Menschwerdung zu tun, sondern mit dem sozialen Leben. Hunde wollen dort schlafen, wo die Familie oder Gruppe schläft. Würden wir am Boden liegen, lägen sie auch dort bei uns. Abgesehen davon ist es einfach bequemer, auf einem weichen Lager zu ruhen. Wer würde das nicht tun, wenn er die Wahl hätte?

Andere benutzen das Wort „Vermenschlichung", wenn sie auf zu freundschaftlichen Umgang mit dem Hund hinweisen möchten. „Hunde sind untereinander auch nicht zimperlich!", wird dann gern behauptet und als Nächstes kommt dann die Geschichte mit der Hundemutter, die drakonische Strafen verteilt, wenn der Nachwuchs nicht pariert, und sobald der Begriff „Rudel" Einzug hält, weiß ich, dass ich gleich das Wort „Rudelführer" hören werde. Ein interessantes Phänomen, denn sogar, wenn es in Hundegruppen einen „Führer" gäbe, wäre es garantiert nicht der, der so agiert, wie es menschlichen „Rudelführern" gegenüber Hunden geraten wird.

Ich war gerade beim Nachdenken, welche Beispiele ich zu diesem Rudelführer-Unfug anführen könnte, als mir das Infoblatt einer Hundeschule zugespielt wurde, welches einer Welpenkurs-Interessentin als Leitfaden für den Umgang mit ihrem Hund dienen sollte. Eine Hundeschule in Deutschland im Jahr 2022 wohlgemerkt!

Regeln für den Alltag
Nehmen Sie sich die beschriebenen Alltagssituationen zu Herzen, wenn Sie den Gehorsam Ihres Hundes verbessern oder überhaupt erst aufbauen wollen. Die folgenden Maßnahmen sind mindestens genauso wichtig wie die Vermittlung der grundlegenden Hörzeichen und garantiert ohne Zwang. Mit der Beachtung der Regeln drücken Sie Dominanz aus!

Dominanz ist also eines der wichtigsten Dinge im Alltag mit einem Hund? Wer holt sich freiwillig ein Lebewesen ins Haus, dem er ständig seine Überlegenheit beweisen muss, um konfliktfrei mit ihm zusammenleben zu können? Mir fallen da nur zwei Möglichkeiten ein – jemand, der sonst nicht viel zu melden hat und wenigstens EINMAL der Chef sein möchte oder jemand, der seinen eigenen Gefühlen und seinem Verstand nicht traut und deswegen auf solche Geschichten reinfällt. DAS ist Vermenschlichen: Einem Hund zu unterstellen, er bräuchte einen menschlichen Chef, der ihm zeigt, wo's langgeht.

Kein erhöhtes Liegen!

Gestatten Sie dem Hund nicht, erhöht zu liegen, also kein Ruhen auf Sofa, Bett oder Sessel. Dies gilt auch für das hundeeigene Sofa. Erhöhte Plätze sollten Ihnen als Rudelführer vorbehalten sein.

Auch DAS ist Vermenschlichen! Ein Menschenkönig sitzt erhöht auf seinem Thron. Ein Hund möchte nur bequem liegen und bestenfalls noch den Überblick behalten. Und überhaupt: Dieser Theorie gemäß dürfte dann auch nur ein Mensch auf der Couch sitzen oder gibt es etwa mehrere Rudelführer? Wenn ja, dann zwei bis fünf Rudelführer und ein Hund? Gibt es wirklich jemanden, der das logisch findet und glaubt? Ein Hund, der auf der Couch liegt, findet das einfach nur bequem und möchte dort gemütlich im Kreis seiner Familie lagern. Mehr ist nicht dahinter und schon gar kein Anspruch auf eine künstlich herbeigeführte Chefposition.

David Mech, zweifellos der erfahrenste Wolfsforscher, der seit über 50 Jahren Wölfe in freier Wildbahn beobachtet, verfasste bereits in den 1980er Jahren umfangreiche Fachartikel und hielt Vorträge, die mit der Mär von Wolfsrudeln, die in einer linearen Dominanzrangordnung leben, aufräumten. Kynologen in aller Welt, unter anderem Paul Parquet, Erik Zimen, Erich Klinghammer, Ray Coppinger und viele weitere revidierten die bis dahin verbreitete Meinung, Wölfe – und somit auch ihre Nachfahren, die Hunde – bräuchten einen Alpha, der noch dazu merkwürdige Dinge tut, wie zuerst durch die Tür gehen usw. Aber noch immer – 40 Jahre später! – sind sogenannte Hundeexperten unterwegs, die ohne jeglichen wissenschaftlichen Hintergrund völlig veraltete Rangordnungskonzepte vertreten, die mit dem wahren Sozialverhalten von Kaniden rein gar nichts zu tun haben. Das ist zum Heulen – um in der Sprache der Wölfe zu bleiben.

Futterrangordnung ausnutzen!
Lassen Sie Ihren Hund nicht unter dem Tisch liegen, während Sie essen. Eine Distanz von ein bis zwei Metern sollte er hier immer einhalten, Fressen ist in der Regel äußerst wichtig für Hunde. Damit nutzen Sie die für Hunde wichtige Futterrangordnung zu Ihren Gunsten.

Fressen ist in der Regel äußerst wichtig für alle Lebewesen. Eine Futterrangordnung gibt es unter Kaniden nicht. Jeder ergattert, was er kriegen kann und hat im Rudel das ausgesprochene Recht, dieses Stück zu verteidigen. Welpen werden

bevorzugt durch Hervorwürgen von Nahrungsbrei gefüttert und auch die erst wenige Monate alten Jungtiere bekommen Beutestücke, weil für sie die Nahrungsaufnahme in den Hauptwachstums- und Entwicklungsphasen sehr wichtig ist. Ein erwachsener Wolf/ Hund kann durchaus ein paar Tage, sogar ein, zwei Wochen hungern. Ein Welpe oder Junghund besser nicht, wenn man sein gesundes Überleben sichern will.

Du lieber Himmel … ist es wirklich möglich, dass dieser völlig veraltete und wissenschaftlich widerlegte Unsinn noch immer in den Köpfen der ewig Gestrigen herumgeistert? Und worin bestünde überhaupt das „zu unseren Gunsten"? Wollen wir wirklich das Futter unserer Hunde haben? Nebenbei bemerkt waren unter dem Tisch lagernde Hunde schon immer hervorragende Kumpane für Kinder (oder auch Erwachsene), die ungeliebte Essensangebote heimlich von ihrem Teller verschwinden lassen wollten, ohne die Köchin oder den Koch zu beleidigen …

Sie essen zuerst!
Geben Sie Ihrem Hund nichts vom Tisch. Sie als Rudelführer geben prinzipiell nichts von Ihren Leckerbissen ab. Füttern Sie den Hund erst, nachdem Sie selbst gegessen haben. So können Sie sich vor dem Hund wichtigmachen. Drängelt er in der ersten Zeit, weil er dies nicht gewohnt ist, lassen Sie sich nicht beirren.

Jedes soziale Lebewesen füttert zuerst seine Jungen und (fr)isst erst, wenn diese satt sind – sonst würde die Art nämlich sehr bald aussterben. Und wer es nötig hat, „sich vor seinem Hund wichtigzumachen", sollte vielleicht eher einen Psychotherapeuten aufsuchen als eine Hundeschule. Und auch DAS ist Vermenschlichung, allerdings recht komplex. Die Vermenschlichung besteht in diesem Fall nämlich nicht darin, dass eine im zwischenmenschlichen Bereich übliche Handlungsweise auf den Hund übertragen wird, sondern darin, anzunehmen, dass es überhaupt irgendein Problem geben könnte, wenn der Hund zuerst frisst. Da stimmt etwas in der Wahrnehmung oder im vermeintlichen Fachwissen des Menschen nicht.

Einen hungrigen Hund aus eingebildeten Hierarchiegründen nicht zu füttern, damit er einfach satt und zufrieden ist, ist grausam und unnatürlich. Interessant ist hier auch die Frage, ob eigentlich alle Bauern ein Rangordnungsproblem mit ihren Tieren haben, denn seit vielen Generationen ist es auf den Höfen üblich, dass zuerst die Tiere (Kühe, Schweine, Hühner, Enten, Katzen, Hunde usw.) versorgt werden, bevor es Frühstück für den Menschen gibt. Ganz abgesehen davon, dass kein empathischer Mensch in Ruhe essen könnte, wenn er weiß, ein Familienmitglied ist noch hungrig und wartet auf die Erfüllung eines wichtigen Grundbedürfnisses. Egal ob Mensch oder Tier.

Aus dem Weg!
Liegt Ihr Hund Ihnen permanent im Weg, wenn Sie in Ihrer Wohnung sind, so gehen Sie nicht rücksichtsvoll um ihn herum, sondern verlangen Sie, dass er aufsteht und Ihnen den Weg freigibt.

Höfliches Verhalten wird erlernt, wenn Höflichkeit vorgelebt wird. Das ist bei Hunden nicht anders als bei Menschen. Wer von Rüpeln lernt, wird irgendwann selbst zum Rüpel. Jemanden wegzuschicken, weil man selbst dort gehen möchte, ist Unhöflichkeit pur.

Abgesehen davon – mir ist keine wissenschaftlich belegte Beobachtung bekannt, in der nachgewiesen wurde, dass Hunde oder andere Kaniden das Aufstehen eines Artgenossen verlangen, wenn sie irgendwo hingehen möchten. Man stelle sich diese Absurdität einfach mal bildlich vor: Ein Wolf, ein Schakal, ein Hund läuft irgendwo und knurrt einen Artgenossen an, weil er ihm vermeintlich im Weg liegt – während mehrere hundert Quadratmeter Platz wären, einfach in einem kleinen Bogen an ihm vorbeizugehen. Wozu sollte das gut sein? Welche verhaltensbiologische Relevanz sollte das haben? Genau ... gar keine. Es hat mehr etwas mit dem wenig vorhandenen Fachwissen und auf Machtstrukturen basierenden Denken der Menschen zu tun, die solche Tipps geben.

Sie gehen zuerst!
Rauf, runter, hindurch! Verlangen Sie beim Auf- und Abgang von Treppen, dass Ihr Hund hinter Ihnen läuft. Dies gilt auch für Türen, auch hier gehen Sie immer zuerst. Um dies durchsetzen zu können, sollten Sie den Hund so lange dabei immer an der Leine haben, bis er Ihnen unangeleint den Vortritt lässt. Daran, wie schwer dies durchzusetzen ist, merken Sie, wie wichtig es für den Hund ist, immer und überall als Erster seine Nase durchzustecken.

Wenn der Hund sich noch vor dem Treppensteigen fürchtet, kann es hilfreich sein, wenn man als treppenerfahrener Mensch vorausgeht und ihm somit zeigt, dass dabei keine Gefahr besteht. Auch bei Türen kann es, je nachdem wie man wohnt, nötig sein, dass man als Mensch zuerst einmal die Lage hinter der Tür checkt, bevor der Hund nachkommt.

Ach ja, und daran, wie schwer die Regel durchzusetzen ist, dass der Hund seinem Menschen immer den Vortritt zu lassen hat, erkennt man nur, wie schwierig dieser Unsinn für Hunde zu verstehen ist.

Streicheln?
Ja, aber nur, wenn Sie es wollen! Lassen Sie es nicht zu, dass Ihr Hund bestimmt, wann er seine Streicheleinheiten bekommt. Schicken Sie ihn immer wieder mal weg, wenn er kommt und Sie anstupst. Rufen Sie den Hund nach kurzer Zeit zu sich, um ihn zu streicheln. Körperkontakt ist sehr wichtig für die Mensch-Hund-Beziehung, aber wir bestimmen, wann er zustande kommt.

Wieso? Was soll dahinter stecken? Mir fallen da nur eigene Machtgelüste ein: Gekuschelt wird nur, wenn ICH das will! Der Hund als soziales Lebewesen mit eigenem Empfinden, Gedanken und Gefühlen scheint in der Gedankenwelt des Verfassers des Textes gar nicht zu existieren – was sehr traurig ist. Bleibt nur zu hoffen, dass sich möglichst niemand an diese absurde These hält.

Tabuzonen schaffen
Dulden Sie es bitte nicht, dass Ihrem Hund alle Räume im Haus zur Verfügung stehen. Schaffen Sie bitte Tabuzonen, wo nur Sie und alle anderen Familienmitglieder Zugang haben. Ansonsten heben Sie sich in keinster Art und Weise von Ihrem Hund ab. Mögliche Räume wären: Badezimmer, Schlafzimmer, Küche oder Wohnzimmer. Sie müssen nicht alle auswählen. Ein oder zwei Zimmer reichen aus.

Es kann bei sehr ängstlichen oder traumatisierten Hunden hilfreich sein, sie nicht gleich mit der ganzen Weite der neuen Umgebung zu überfordern. Langsam Raum für Raum kennenzulernen ist in solchen Fällen eine gute Idee, um Sicherheit aufzubauen. Aber das ist hier wohl nicht gemeint. Einen Hund willkürlich vom Familienleben auszuschließen, um „sich von ihm abzuheben", ist einfach nur unfassbar dumm. Immerhin scheint dem Verfasser des Textes aber klar zu sein, dass die Unterschiede zwischen Hund und Mensch nicht so gravierend sind wie gedacht, denn warum sonst müsste sich der Mensch durch absurde künstliche Maßnahmen vom Hund „abheben“ müssen?

So banal, wie Ihnen diese Tipps auch erscheinen mögen, so hilfreich sind sie doch in der Erziehung des Hundes und so negativ wirkt es sich im Allgemeinen aus, diese Punkte nicht zu beachten.

Wow … Anfangs konnte ich mich nicht zwischen Lachen und Weinen entscheiden. Wenn ich mir aber vorstelle, wie sich derart behandelte Hunde fühlen müssen, werde ich richtig traurig. Und böse. Das hochsoziale Wesen Hund soll durch solche vollkommen schwachsinnigen Maßnahmen lernen, dass es WAS tun soll? Ein Hund, der einfach nur Teil einer sozialen Gemeinschaft sein möchte, wie es eben seiner Natur entspricht, muss sich dabei vorkommen, als hätte er Feindesland betreten. Als würde er allein durch seine Existenz schon alles falsch machen. Er wird reglementiert und ausgeschlossen, ohne das im Mindesten verstehen zu können.

Es ist ja nicht so, dass ich diese Ansichten noch nie gehört hätte. Hartnäckig hält sich dieser Unfug, obwohl er schon hundertfach widerlegt wurde. Es ist geradezu pervers lustig, dass Leute vor lauter Angst vor Vermenschlichung Hunden die niedersten Arten menschlicher Beweggründe unterstellen – und diesen dann mit (für Hunde) völlig unverständlichen Maßnahmen vorbeugen wollen.

JA, ABER EIN HUND MUSS DOCH GEHORCHEN!

Muss er das? Warum? Weil er ein Hund ist? Und vor allem, was heißt „gehorchen“? Die Frage ist, fordern wir von Hunden Gehorsam, weil sich die Ansicht, ein Hund müsse einfach Befehle befolgen, in unserem Denken eingenistet hat oder meinen wir mit Gehorchen, dass er eben kommt, wenn er gerufen wird, wenn wir ohne Leine mit ihm unterwegs sind? Warum erwarten wir nicht, dass Katzen Befehlen nachkommen? Oder Ziegen? Schweine, Kühe, Schafe?

Ich glaube, diese Befehlskommunikation ist noch gar nicht so alt, wie sie scheint und keineswegs in der ganzen Welt verbreitet. In Kulturen, die weniger Wert auf soziale Hierarchien legen, werden Hunde nicht auf diese Art und Weise ausgebildet. Man verlangt von ihnen keinen absoluten Gehorsam, man kommt gar nicht auf die Idee, sie so stark zu manipulieren, dass von ihrem eigentlichen Wesen gar nichts mehr übrig bleibt. Man lebt einfach mit ihnen und die Regeln des täglichen Zusammenseins sind auf ein nötiges Minimum beschränkt.

Sicher kommt es nicht von ungefähr, dass menschliche Machtstrukturen der modernen Gesellschaft auf das Zusammenleben mit Hunden übertragen wurden. Aber warum gerade auf Hunde und warum in diesem Ausmaß? Möglicherweise ist das der enormen Anpassungsfähigkeit und hohen Sozialkompetenz von Hunden geschuldet – aber sicher auch der Selektion, denn Hunde, die sich nicht vom Menschen gängeln ließen, die sich wehrten und im wahrsten Sinne des Wortes die Zähne zeigten (und einsetzten), wurden und werden häufig einfach getötet bzw. eingeschläfert.

Bevor alte Abrichteplätze und Hundeschulen die Ausbildungsmethoden von Polizei- und Militärdiensthunden übernommen haben, wurde viel mehr auf die natürlichen Anlagen der Hunde vertraut, die durch gezielte Zucht hervorgehoben und verfeinert wurden, bis sie dem vom Menschen erwünschten Zweck perfekt entsprachen. Vorstehhunde sind das beste Beispiel dafür. Auch der geschickteste (oder brutalste) Hundetrainer kann einem Hund diese Art des Jagens nicht beibringen. Das kann nur die Genetik. Auch Erdhunde waren nie dafür gedacht, auf menschliche Anweisungen zu reagieren. Herdenschutzhunde, Bauernhunde, Rattler aller Nationen, Meutehunde und sogar Hütehunde wussten von ganz allein, was sie zu tun hatten, auch wenn letztere besonders empfänglich für die Zusammenarbeit mit dem Menschen und somit auch für seine Anweisungen waren, was wiederum durch gezielte Zucht hervorgehoben und genetisch verankert wurde.

Dass Hunde uns gehorchen müssen, ist etwas, das wir Menschen über die letzten paar Generationen eingetrichtert bekommen haben. Und bei Hunden treffen gleich mehrere Faktoren zusammen, die Menschen dazu verleiten zu glauben, dass dieses Gehorchen in ihrer Natur läge. Erstens ist da die längst widerlegte Ansicht, dass Hunde wie Wölfe in einem hierarchisch aufgebauten Rudel leben, bestehend aus einem allmächtigen Alphatier und dem in Abstufungen untergeordneten Gefolge, das dem aktuellen Herrscher ständig seinen Rang streitig machen möchte, was dieser durch ein strenges Regiment zu verhindern sucht. Diese Annahmen basieren unter anderem auf der Beobachtung von Gehegewölfen, die im Stress der Enge und auch aufgrund der anderen unnatürlichen Haltungsbedingungen tatsächlich ähnliche Verhaltensweisen zeigten, wie Menschen im Gefängnis. Diese Beobachtungen können aber keineswegs auf freilebende Wölfe übertragen werden und noch viel weniger auf Hunde. Dennoch finden sehr viele Menschen dieses Alpha-Konstrukt höchst glaubwürdig und attraktiv, was allerdings mehr über diese Menschen aussagt als über Hunde.

Zweitens sind Hunde äußerst anpassungsfähig und nehmen auch widrigste Lebensumstände und Erziehungsmethoden als gegeben hin. Hunde leben gern in Frieden mit uns und lassen sich leicht einschüchtern. Nicht weil sie schwach wären, sondern weil sie total von uns abhängig sind und das auch wissen. Wir machen sie durch Futter, Freiheitsentzug und soziale Zuwendung gefügig und, als ob das noch nicht genug wäre, versuchen wir auch noch, jede ihrer Gefühlsäußerungen zu kontrollieren. Nachdem sie aber, wie jedes intelligente Lebewesen, ständig lernen, lernen sie auch unsere Wünsche zu befolgen, um ihrem natürlichen Streben nach Harmonie (oder schlicht Unversehrtheit) zu genügen. Für uns mag das so wirken, als läge es wirklich in ihrer Natur, uns zu gehorchen.

Drittens sind Menschen sehr gut darin, Hunde durch Zucht zu ihrem bevorzugten Zweck zu verändern. Manche Hunderassen sind dermaßen auf Arbeitseifer selektiert, dass man tatsächlich den Eindruck bekommen könnte, sie wären zum Gehorchen geboren. Der sagenumwobene „will to please" ist ein menschliches Konstrukt, das uns vermittelt, der Hund sei nur dafür geboren, uns zu Willen zu sein.

Muss ein Hund also gehorchen? Sicher nicht! Kann er lernen, uns zu gehorchen? (Leider) ja. Wäre das nämlich anders, würden wir uns möglicherweise mehr Mühe geben, ihn zu verstehen und auf seine wahren Bedürfnisse einzugehen.

JA, ABER GUT ERZOGENE HUNDE HABEN DOCH VIEL MEHR FREIHEITEN?

Da muss ich die Frage stellen, wie diese Freiheiten denn wohl aussehen? Überallhin mitgenommen zu werden? Es mag Hunde geben, die gern in Lokalen unter Tischen liegen, Partys besuchen oder durch überfüllte Einkaufsstraßen schlendern. Vielleicht gibt es auch solche, die Weihnachtsmärkte mögen – aber auf die meisten Hunde trifft das definitiv nicht zu. Schon gar nicht immer und überall. Meist sind es doch die Menschen, die ihre Dinge tun und den Hund dabei mitnehmen, damit auch er versorgt ist.

Schauen wir uns das genauer an. Der Hund wird mit ins Lokal genommen. Was hat er davon, stundenlang unter dem Tisch zu liegen, zur Untätigkeit verdammt – denn er soll ja nicht unangenehm durch Herumlaufen, Bellen oder Graben im Biergarten auffallen –, und uns dabei zuzusehen, wie wir Essen zu uns nehmen, während er nichts bekommt? Bei all dem ist es in der Regel recht laut und seine Individualdistanz wird ständig durch vorbeieilende Kellner, kommende und gehende Gäste unterschritten, die dicht an ihm vorbeigehen. Oder der Hund wird mit in die Stadt genommen, wenn sein Mensch einkaufen geht. Dann ist der Spaziergang auch gleich erledigt, der Hund war ja draußen. Aber im Ernst, welcher Hund würde nicht lieber in der Natur spazieren gehen, schnüffeln, erkunden und entspannen, statt an kurzer Leine durch überfüllte Innenstädte gezerrt zu werden? Dieses Szenario kann noch getoppt werden, wenn der Hund angebunden vor Geschäften alleine gelassen wird. Last not least könnte man noch über die armen Hunde nachdenken, die in überfüllte Biergärten mit Blasmusik oder in das unbarmherzige Getrampel und Gedrängel von Volksfesten mitgenommen werden. Haben Sie schon jemals in Ihrem Leben einen Hund gesehen, der dabei glücklich und zufrieden aussah?

Um all jene, die jetzt betroffen murmeln, „Ja, aber mein Hund geht gern in Lokale!“ und „Ja, aber mein Hund genießt Spaziergänge in der Stadt“ zu beruhigen: Natürlich gibt es Hunde, die gern in gemütlichen Kaffeehäusern herumlungern oder für die der sonntägliche Wirtshausbesuch mit der gesamten Familie das gleiche Highlight darstellt wie für ihre Menschen. Viele Hunde leben auch in der Stadt und auch dort kann und soll man schöne, entspannte Spaziergänge genießen. Es geht hier auch nicht um Hunde, die sich wohlfühlen, sondern um die anderen, denen man mit solchen Unternehmungen keinen Gefallen tut.

Ein Hund, der sich wohlfühlt, wird sich auch so verhalten, egal wo er sich befindet. Fühlt er sich dort nicht wohl, gibt er uns das zu verstehen, ebenfalls egal wo wir uns befinden. Aber anstatt auf seine Hilferufe wie Unruhe, Bellen usw. einzugehen, wird der Hund dazu erzogen, sich still in sein Schicksal zu fügen. Es gibt keine Möglichkeit, jemandem das Wohlfühlen anzuerziehen (penibel aufgebaute Entspannungssignale, die eh nur in wenigen Situationen funktionieren, einmal weitgehend ausgenommen). Aber es gibt die Möglichkeit, Situationen so zu verändern, dass sie sich besser für den Hund anfühlen.

Mein Dackel Eddie fühlt sich zum Beispiel im Wartezimmer vom Tierarzt nicht wohl. Müsste er die Wartezeit am Boden verbringen oder wäre er sogar gezwungen zu sitzen oder zu liegen, würde er seinen Unmut laut kundtun. Halte ich ihn aber auf meinem Schoß in den Armen, wird er ganz ruhig und schläft sogar ein. Andere Hunde liegen vielleicht gern in einer Höhle oder möchten eine Massage. Abgesehen vom Tierarztbesuch gibt es in jedem Haushalt weitere Situationen, in denen der Hund einfach mitkommen muss, weil die Alternativen noch unangenehmer für ihn wären. Dafür muss man den Hund aber nicht „gut erziehen“, sondern man sollte einfach Rücksicht auf ihn nehmen. Unvermeidbares kann man durch Management und Verständnis meistern, aber alle anderen Gelegenheiten, den Hund „überallhin mitzunehmen“, sollten sorgfältig abgewogen werden. Ein Hund, der nur durch Erziehung gelernt hat, sich ruhig und unauffällig zu verhalten, kann durch häufiges Unterdrücken seiner Bedürfnisse (z. B. nach Individualdistanz, Ruhe, Sicherheit ...) sehr unangenehme Reaktionen an anderer Stelle zeigen, an denen dann wieder gesondert „trainiert“ wird, ohne die eigentliche Ursache zu erkennen.

Inwiefern hätte da ein „gut erzogener Hund“ mehr Freiheiten? Wir Menschen hätten mehr Freiheiten, weil der Hund gelernt hätte, seine Sorgen und Kümmernisse nicht mehr mitzuteilen und wir dadurch ungestört unseren geplanten Aktivitäten nachgehen könnten. Aber dem Hund bringt Erziehung in diesen Fällen nichts außer den Nachteil, noch mehr in Situationen gebracht zu werden, die es klaglos zu erdulden gilt.

Der vielgerühmte Freilauf ist das nächste große Missverständnis zwischen Mensch und Hund. Jeder Hund, der der Fortbewegung mächtig ist, kann ohne Leine laufen. Das müssen wir ihm nicht beibringen. Was wir glauben, ihm beibringen zu müssen, ist im Freilauf auf uns zu achten und auf Zuruf sofort zu uns zurückzueilen. Das Missverständnis besteht darin, dass wir es Hunden dabei unnötig schwer machen, denn wir fordern Dinge, die der Hund bei guter Bindung und gutem Vertrauensverhältnis zu seinem Menschen ohnehin von sich aus tun würde und dabei stellen wir uns oft so ungeschickt an, dass wir ihn regelrecht von uns wegtreiben. Bei jeder sich bietenden Gelegenheit wird der „bombenfeste" Rückruf trainiert. Manche Menschen bedienen sich da modernster, freundlichster Mittel, andere setzen auf das altbekannte „Hiiiier" mit Bestrafung, wenn der Hund nicht sofort und auf direktem Weg, wie es so schön heißt, kommt – und zwar freudig! Ich halte beides für überflüssig.

Hunde, die an der langen Leine noch keine Tendenzen zeigen, bei der Gruppe (oder dem menschlichen Partner) bleiben zu wollen, kann man ohnehin noch nicht guten Gewissens loslassen und die Hunde, die sich stark an den Aktivitäten der Gruppe oder des Partners orientieren, müssen das nicht extra lernen. Kommunikation reicht also völlig. Zusätzlich gibt es Gebiete, in denen Hunde per Gesetz an der Leine bleiben müssen und solche, wo das einfach der Verstand gebietet. Kommt der Hund als Welpe in die Familie oder sind bereits weitere erwachsene Hunde vorhanden, kann man sich das Rückruftraining überhaupt sparen, weil der Hund sich einfach den Gepflogenheiten seiner Gruppe anpasst. Hunde denken draußen immer „wir" und kaum jemals „ich", es sei denn dieses Gemeinschaftsdenken wird ihnen durch ständige Ignoranz seitens des Menschen, falsche Trainingsansätze oder völlig unpassende Hundekonstellationen irgendwann verleidet. Aber auch da hilft dann der gut aufgebaute Rückruf nicht zu hundert Prozent und verschwendet nur unnötig (Hunde)Lebenszeit.

JA, ABER WAS DENKEN DA DIE ANDEREN?

Über Hunde kann man sich die Welt erklären, besonders aber die Menschen und ganz besonders viel erfährt man dabei über sich selbst. Eine der wichtigsten Botschaften, die man dabei lernen kann, ist, wie man rücksichtsvoll mit seinem Umfeld umgeht, ohne sich selbst zu verleugnen. Das ist viel leichter, als es den Anschein haben mag. Man muss sich nur fragen: „Was hält mein Hund davon?" Und schon ist alles klar. Die Antworten an „die anderen" kommen dann ganz von selbst. Viel Hundeleid (und wahrscheinlich auch Menschenleid) könnte vermieden werden, wenn wir das, was andere denken, nicht so wichtig nähmen und vor allem nicht andere über unser Leben und das unserer Hunde bestimmen ließen.

JA, ABER ER SOLL NICHT BELLEN, SONST KRIEGEN WIR SCHWIERIGKEITEN MIT DEN NACHBARN!

Ein Hund bellt aus unterschiedlichen Gründen. Natürlich ist es viel anspruchsvoller, auf diese Gründe einzugehen, als einfach das Bellen zu verbieten. Bellenden Hunden wird mit Wasserspritzern, Rütteldosen, Anti-Bell-Halsbändern, schlichter Einschüchterung oder auch mit gut durchdachten Trainingsplänen zu Leibe gerückt. Letzteres erfordert zumindest eingehende Beschäftigung mit ihnen. Bedeutend nachhaltiger und fairer dem Hund gegenüber wäre es aber, auf seine Äußerungen einzugehen und herauszufinden, was er gerade zu sagen hat und warum. Darauf aufbauend kann man dann nachbarschonende Maßnahmen ergreifen, die nicht nur die Dauer des Bellens verkürzen, sondern manches Bellen erst gar nicht nötig werden lassen.

JA, ABER WAS SIE DA BESCHREIBEN, IST DOCH ERZIEHUNG!

Ja, im günstigsten Fall ist es das, was man im günstigsten Fall darunter verstehen kann. Leider hat das Wort „Erziehung" sehr unter den letzten Jahrhunderten gelitten oder überhaupt unter den diesbezüglichen menschlichen Definitionen. Erziehung setzt immer ein hierarchisches Verhältnis voraus, in dem einer der Lehrende oder eben Erziehende ist und der andere der Schüler oder Zögling (nennt man das so?), der für Leistung und Wohlverhalten belohnt und für aus der Norm fallende Eigenständigkeit bestraft wird. Die Bewertung all dessen nimmt der Erziehende vor. Unter diesen Voraussetzungen wurden schon Generationen von Kindern missverstanden, in ihrer Kreativität beschränkt und in ein System gepresst, das sie lebenslang in Abhängigkeit von der Anerkennung vermeintlicher Autoritätspersonen hält.

Bei Hunden ist es noch bedeutend schlimmer, weil deren Entwicklung und Persönlichkeit in all ihren Facetten noch nicht einmal als existent betrachtet wird. Hunde werden vom Welpen- bis zum Greisenalter „erzogen", ohne dass jemandem die enorme Respektlosigkeit dahinter auffällt. Das mag in der Welpenzeit noch ansatzweise seine Berechtigung haben, weil sich der kleine Hund ja irgendwie in seinem neuen Umfeld zurechtfinden muss und dabei einfach noch nicht über manche Regeln Bescheid wissen kann, aber einen erwachsenen Hund im Namen der Erziehung wie ein nach eigenem Belieben formbares Lebewesen zu behandeln, halte ich für äußerst vermessen.

Der Haken daran ist, dass wir bei aller Liebe und auch mit den besten Absichten immer glauben, alles besser zu wissen als der Hund – und zwar in jeder Lebenslage, und obwohl die meisten Hundehalter von dem ihm anvertrauten Tier tatsächlich kaum etwas wissen. Somit passt das mit dem Wort „Erziehung" in Form von Bewertung absolut nicht zusammen. Wie können wir etwas bewerten, das wir gar nicht verstehen?

Wenn mit Erziehung das Vorleben von akzeptablen Verhaltensweisen, die Mensch und Hund gleichermaßen betreffen, gemeint ist oder Hunden und Kindern familienübliche Gepflogenheiten näherzubringen, dann trifft die Feststellung in der Überschrift zu. Von Bewertung und Veränderung versuche ich mich aber immer mehr zu distanzieren.

Kapitel 5

Missverständnisse

Die menschliche Bewertung von Hundeverhalten beruht auf einer ganzen Reihe von Missverständnissen, die sehr leicht aufzuklären sind, wenn man sich nur ein wenig mit dem Wesen des Hundes beschäftigt. Manchmal glaube ich, dass der eine oder andere (Fernseh-) Hundetrainer auch ganz genau über diese Irrtümer Bescheid weiß, sie aber schamlos ausnutzt, um seine scheinbar spektakulären „Trainingsansätze“ rechtfertigen zu können.

Ein sehr weit verbreiteter Irrtum besteht darin, dass wir Hunden zwar menschliche Beweggründe für ihr Handeln unterstellen, diese aber dann mit Begriffen wie angeblich „fehlender Rangordnung“, „mangelnder Bindung“, „schlechter Sozialisierung“ oder „falscher Erziehung“ erklären und dahingehend darauf reagieren. Ein Doppelirrtum, der anscheinend sehr schwer auszurotten ist.

MISSVERSTÄNDNIS BOSHAFTE ABSICHTEN

Dem Hund boshafte Absichten vorzuwerfen, ist so ein Missverständnis. „Der verarscht dich ...“, oder „Der weiß genau, dass er das nicht darf ...“, oder „Er pinkelt ins Haus, um dich zu bestrafen...“, sind oft gehörte Aussagen, die meist drastische Erziehungsmaßnahmen zur Folge haben.

Hunde haben Humor, sind großherzig, mitfühlend, können auch übermütig sein, erwartungsvoll oder nachdenklich und sind eindeutig sehr intelligent, auch wenn etliche Versuche, ihre Intelligenz zu messen, eher zweifelhafter Natur sind. Bewertet wird dabei nämlich hauptsächlich ihre Fähigkeit, menschliche Befehle zu befolgen oder menschliche Wörter zu unterscheiden. Das wird mit „Lernfähigkeit“ umschrieben, sagt aber nichts über das tatsächliche Lernen außerhalb unseres Einflusses aus. Hunde lernen täglich und lebenslang und zwar nicht hauptsächlich von uns, sondern über uns. Das ist eine ihrer großen Stärken und darin liegt auch der größte Unterschied zwischen ihnen und uns. Sie sind Meister im Beobachten, im „daraus Schlüsse ziehen“ und sie können uns besser lesen, als wir selbst es vermögen. Hunde interpretieren unser Verhalten auf ihre Art und liegen damit meistens sogar richtig. Allein das ist eine gewaltige Leistung, die wir umgekehrt nicht annähernd so gut hinbekommen, obwohl wir ja angeblich die überlegene Spezies darstellen.

Hunde können listig sein, aber nicht hinterlistig – das liegt einfach nicht in ihrer Natur. Jeder kennt Geschichten von Hunden, die an den begehrten Kauknochen eines anderen Hundes wollen und laut bellend zur Tür laufen, um sich dann, wenn der andere Hund alarmiert nachschauen kommt, den Knochen zu schnappen. Das tun sie, weil sie den direkten Konflikt um den Knochen vermeiden möchten. Sie können auch täuschen, indem sie in der Nähe des Knochenbesitzers lagern und scheinbar desinteressiert in die Ferne blicken, nur um sich bei der ersten sich bietenden Gelegenheit den Knochen zu schnappen. Auch das dient der höflichen Konfliktvermeidung. Jemand, der seinen Schatz verlässt, stellt ihn der Allgemeinheit zur Verfügung.

Was Hunde aber nicht können, ist absichtlich etwas tun, um andere zu ärgern und auch jemanden „verarschen" können sie nicht. Genauso wenig tun sie etwas absichtlich nicht, obwohl sie wissen, dass sie dadurch ihre „Erziehung" infrage stellen. Wenn ein Hund einen Mistkübel ausräumt, die Fernbedienung zerbeißt, ins Haus pinkelt oder einem Reh nachjagt, weiß er nicht, dass er es eigentlich nicht darf und schon gar nicht möchte er seinem Menschen damit „eins auswischen". Er tut das nicht „trotzdem", sondern weil er entweder in seinem Instinktverhalten getriggert wird (Jagdverhalten, läufiger Hündin nachlaufen), Probleme hat (Alleinsein, Frust, Zahnwechsel, zu aufregende vorangegangene Ereignisse – zum Beispiel ein Weihnachtsmarktbesuch/ Konflikt mit einem anderen Hund, Schmerzen …) oder weil er einfach die Gelegenheit dazu hat. Oder die angebliche Erziehung seines Menschen war so unsinnig, schlecht aufgebaut, mangelhaft geplant und durchgeführt, dass er gar keine Chance hatte zu verstehen, was man von ihm erwartet. Oder glaubt wirklich jemand im Ernst, dass ein Hund, der einem Reh nachhetzt, dabei den Gedanken hat: „Yeah, ich gehorche jetzt meinem Frauchen/ Herrchen nicht!" Oder dass ein Hund, der ins Haus pinkelt und Gegenstände zerstört, weil er das Alleinsein nicht erträgt, dabei denkt: „Denen zeige ich es jetzt mal ordentlich!" Dies anzunehmen wäre absurd.

Einen Hund dafür zu bestrafen, ist nicht nur sinnlos, sondern auch vertrauenzerstörend gemein. Wir bestrafen damit nämlich nicht die „Tat“ (derer sich der Hund ja überhaupt nicht bewusst ist), sondern das Danach. Hunde können Strafen generell nicht gut verstehen, weil sie nie nur eine Sache allein tun, sondern die meisten Dinge, die sie tun, in einer ganzen Blase von Absichten und Eindrücken schweben, so dass die unfreundliche menschliche Aktion deswegen kaum zuordenbar ist. Aber zeitverzögerte Strafen verstehen sie überhaupt nicht.

Einem Hund, der ein Reh gehetzt hat, kann man vielleicht noch beim Zurückkommen sagen: „Das war scheiße, allein wegzulaufen.“, und ihn dann ein paar Minuten in selbstgerechtem Zorn ignorieren; aber alles, was über ein paar sehr wenige Minuten hinausgeht, ist für ihn völlig unverständlich und damit grausam. Warum man ihn eventuell ein paar Minuten ignorieren sollte, ist nicht als Maßnahme gegen das Fortlaufen gedacht, sondern dafür, Hund und Mensch Gelegenheit zum Ausdampfen zu bieten. Denn wütend sollte man bestenfalls auf sich selbst sein, schließlich war man es selbst, der den Hund in unpassenden Gebieten oder Momenten frei laufen gelassen hat. Den Hund fürs Zurückkommen zu loben, obwohl man innerlich bebt, bringt übrigens auch nichts, denn dann widersprechen sich unsere Stimmung, Körpersprache und Handlung und das ist erst recht verwirrend für den Hund. Es sei denn, man ist wirklich ausschließlich froh, glücklich und erleichtert, dass er unbeschadet zurückgekommen ist. Dann muss man ihm das natürlich sofort und ehrlich mitteilen – und das funktioniert auch, wenn man ihn dabei an die Leine nimmt!

MISSVERSTÄNDNIS FREILAUF/ RÜCKRUF

Ein weiteres grundlegendes Missverständnis ist der vielgelobte Freilauf und der damit zwangsläufig verbundene Rückruf. Beim klassisch aufgebauten Rückruf steht der Mensch frontal zum Hund und befiehlt diesem in oft barschem Ton, zu ihm zu kommen. Wohlerzogene (oder eingeschüchterte) Hunde kommen natürlich trotzdem, aber man sieht ihnen ihr Unbehagen dabei sehr deutlich an. Sie werden immer langsamer, je näher sie dem Menschen kommen, beschwichtigen deutlich und versuchen ein wenig seitlich auszuweichen, wie es eben der Hundeetikette entspricht. Der Mensch hilft ihnen dabei oft wenig – im Gegenteil, je zögerlicher, beschwichtigender und höflicher der Hund ist, desto unwirscher wird der Mensch, er wird strenger und ungeduldiger und wirkt damit noch bedrohlicher. Und all das haben viele Hundehalter dann auch noch in Hundeschulen so gelernt oder von jemandem abgeschaut, der in der Hundeschule war. Oder im Fernsehen oder Internetvideo so vorgeführt bekommen.

In modernen Hundeschulen und bei empathischeren Trainern wird der Rückruf mittlerweile hundefreundlicher gelehrt. Einladende Gesten, sich ein wenig kleiner machen, freundliche Ansprache und Jackpot-Belohnungen sind dort das Mittel der Wahl, was es Hunden deutlich leichter macht, sich freudig in die Nähe ihres Menschen zu begeben.

Der Rückruf ist für die allermeisten Hundehalter die wichtigste Sache überhaupt, denn ohne „bombenfesten" Rückruf gibt es bei verantwortungsbewusstem Handeln keinen Freilauf. Der Freilauf ist also so etwas wie das Adelszertifikat unter Hundemenschen. Wer seinen Hund frei laufen lassen kann, hat alles richtig gemacht. Das Problem dabei ist nur, dass ein Hund niemals frei laufen wird, wenn erst eine hundertprozentige Zuverlässigkeit im Rückruf trainiert werden soll, ehe er abgeleint wird. Oder wie Clarissa sagt: Wie soll ein Hund den Rückruf auch aus größerer Entfernung und bei hoher Ablenkung lernen, wenn er keine Gelegenheit dazu bekommt? Es ist wie beim Autofahren. Manche Führerscheinneulinge, vielleicht sogar die meisten, fahren nicht sehr umsichtig und versiert, machen Fahrfehler, unter- oder überschätzen sich. Aber irgendwie, irgendwo, irgendwann müssen sie das Fahren ja schließlich lernen. Ebenso geht es übrigens allen Berufsanfängern. Sogar wenn sie in so verantwortungsvollen, über Leben und Tod entscheidenden Bereichen wie der Medizin arbeiten. Wichtig dabei ist doch, gut angeleitet zu werden, so verantwortungsvoll und umsichtig wie möglich zu arbeiten und Fehler möglichst nur ein- oder maximal zweimal zu machen, statt dauernd und immer wieder. Wenn das auch die Hundehalter endlich mal verstehen würden! In doppelter Hinsicht: Erstens, auch der Hund braucht Spielraum für Fehler (die ja in Wahrheit nicht seine sind). Sonst kann er nicht lernen. Zweitens, (Erziehungs)Fehler sollten am besten gar nicht, aber wenn zum Lernen des Menschen unbedingt nötig, nur einmal gemacht werden. Und da klafft leider eine große Lücke zwischen der Realität und dem Wünschenswerten.

Schließlich stellt sich noch die Frage, wie der gewährte Freilauf aus Sicht des Hundes dann aussieht. Na wie schon, werden Sie jetzt denken … Leine los und der Hund darf seine Freiheit genießen. Ja, aber nur, bis der Rückruf kommt und leider ertönt dieser meist, wenn der Hund gerade etwas wirklich Interessantes tut. Einer Spur nachgehen, ins Gebüsch wittern, einen anderen Hund entdecken, ein wenig schneller laufen, ein Loch graben, ein Eichhörnchen belauern, seine Geschwindigkeit mit der eines Radfahrers messen … Bei übertriebener und falsch verstandener Rücksichtnahme macht man den Hund oft auch erst misstrauisch gegenüber Passanten, Bauern auf Traktoren oder in der Wiese spielenden Kindern, indem man ihn bei deren Sichtung sofort zurückruft, obwohl er sich für den Reiz an sich gar nicht interessiert, sondern nur irgendwo schnüffelt – im schlimmsten Fall ist das Schnüffeln nämlich eine Deeskalationsgeste und der Hund wird in seiner eigenen, friedlichen Lösungsstrategie verunsichert.

Eine andere Variante des „frei“ laufenden Hundes entsteht durch das sogenannte Radiustraining. Bei dieser Methode wird dem Hund ein gewisser Radius rund um seine Menschen zugestanden, den er nicht überschreiten darf. Egal mit welchen freundlichen und modernen Mitteln dieses Training aufgebaut wird, es hat lediglich den Vorteil, dass der Mensch keine Leine halten muss, denn mit freiem Laufen hat das wenig zu tun. Besonders sensible Hunde genießen dabei nämlich nicht ihre vermeintliche Freiheit, sondern drehen sich häufig unsicher zu ihren Menschen um und fragen nach, ob diese Entfernung denn noch erlaubt wäre. Das Problem bei dieser Art des erlernten Freilaufs sind aber nicht die Methode, sondern die Menschen, die diese ausführen. Der Radius wird vom Menschen bestimmt, egal ob er zum jeweiligen Hund passt oder nicht. Lauffreudige Hunde wie Pointer, Setter oder Windhunde haben einfach von Natur aus einen größeren Radius als zum Beispiel Terrier, Hovawart und Briard. Aber dem Hund das Leben durch ständige Begrenzung schwer zu machen, kann auch nicht des Rätsels Lösung sein. Ebenso wenig wie ständiges „Bei Fuß“-Gehen, das von manchem Hundehalter mit stolz geschwellter Brust als Beweis dafür angeführt wird, dass der Hund nicht an der Leine gehen muss, sondern „frei“ läuft. Was ist daran frei? Jede fünf Meter lange Leine erlaubt dem Hund mehr Freiheit als das Gegängel, ständig auf Tempo und Richtung des Halters achten zu müssen.

Ein Hund mit vertrauensvoller Beziehung zu seinem Menschen hält einen gewissen Radius übrigens in den meisten Situationen von ganz allein ein. Immer wieder sucht er den Blickkontakt, läuft zu seinem zweibeinigen Partner zurück, stupst ihn an, fordert ihn zu gemeinsamen Aktivitäten auf. Wenn wir diese Kommunikationsversuche unseres Hundes wahrnehmen (statt am Smartphone zu hängen) und beantworten, wenn wir sie darüber hinaus auch selbst einsetzen, werden wir kaum ein Problem mit dem Einhalten von Nähe haben.

Der Hund hält seinen Radius auch ohne begrenzendes Training ein, sofern man wirklich gemeinsam unterwegs ist und nicht nur Forderungen an den Hund stellt, die der eigenen Bequemlichkeit dienen. Und Ausnahmesituationen wie die Sichtung von Wild bei einem Hund mit einer starken Jagdpassion kriegt auch ein Radiustraining nicht in den Griff.

Natürlich gibt es auch Menschen, die sich sehr wohl für die Interessen ihrer Hunde begeistern und geistig vollkommen beim Hund sind; nur sind das nicht die, die dafür einen „bombenfesten" Rückruf brauchen. Denn deren Hunde bleiben ohnehin in ihrer Nähe, wo es möglich ist und sind in gefährlicheren (zum Beispiel wildreichen) Gebieten oder Orten mit Leinenpflicht an der langen Leine und dadurch in ständiger Verbindung. An der langen Leine kann ein Hund in aller Ruhe ins Gebüsch wittern und auch Eichhörnchen belauern, denn es kann nichts passieren. Durch diese Gewissheit wird auch der Mensch ruhiger und sicherer und zwangsläufig deutlich fairer dem Hund gegenüber.

Ein weiterer Vorteil der langen Leine ist, dass man dadurch nicht „vor dem Freilauf" unter Druck den Rückruf trainieren muss, sondern dieser sich durch ständige Kommunikation unter sicheren Bedingungen von ganz allein etabliert. Für den Hund viel leichter nachvollziehbar ist nämlich ein Wechsel aus langer Leine und Freilauf, wobei der Freilaufanteil ganz flexibel angepasst werden kann. Es gibt Situationen, Orte und Tagesverfassungen (von Mensch und Hund), in denen das Gefühl der Verbundenheit durch die Leine große Erleichterung bringen kann. Wie ein „an die Hand nehmen" sollte sich das anfühlen. Wichtig dabei ist nur, dass die Leinenlänge an die Absichten angepasst wird. Eine zu kurze Leine kann man nicht verlängern, aber eine lange kann man ganz leicht kürzer nehmen, indem entweder der Rest hinterherschleift oder sie einfach in Schlaufen gewickelt wird und dadurch immer in passender Länge zur Verfügung steht.

Viel wichtiger als der statisch trainierte Rückruf ist die Verbundenheit beim Spaziergang und die entsteht nicht durch Pflichten, die der Hund zu erfüllen hat, sondern durch ein wirkliches Miteinander und Gemeinsamkeiten, während man unterwegs ist. Es geht also um ein beiderseitiges Aufeinanderachten – statt die Aufmerksamkeitspflicht auf den Hund abzuwälzen.

Das soeben Geschriebene wurde mir gerade beim Spaziergang mit meinen Hunden eindrucksvoll bestätigt. Das Gewässer samt umliegender Wiesen vor unserer Haustür ist ein beliebtes Naherholungsgebiet und wird dementsprechend fleißig von allerlei Freizeitsportlern und Hundehaltern frequentiert. Es herrscht Leinenpflicht, die aber (wie in Österreich allgemein üblich) eher als Empfehlung angesehen und daher häufig ignoriert wird. Teilweise auch von mir. In dieser Umgebung, nahe der Brücke und einer stark befahrenen Straße sind meine Hunde aber immer an ihren 10 bis 15 Meter langen Leinen.

Schon als sie noch auf der anderen Wasserseite waren, konnte ich einen joggenden Mann mit freilaufendem Malteser beobachten. Der Mann dirigierte den kleinen Hund sichtlich stolz auf seine erzieherischen Fähigkeiten mit allerlei Kommandos über den Gehweg der Brücke, der durch keinerlei bauliche Abgrenzungen vom fließenden Verkehr getrennt ist. „Nein!“, „Hierher!“, „Straße! Pfui!“, „Bei mir!“, tönte es beinahe unablässig, bis das Duo schließlich die Brücke überquert hatte und auf unserer Wasserseite angekommen war. Ich atmete auf. Der Hund entdeckte uns umgehend und wollte Kontakt aufnehmen. „Nein! Hier! Pepito! Hier!“, flog ihm zeitgleich um die Ohren. Und weiter ging es, als sich der Mann wieder in Laufposition begeben hatte: „Nein! Weiter! Pepito! Pepiiitooo! Komm!“

Ich schaute zu meinen Hunden, die die Uferböschung abschnüffelten, gemächlich, interessiert, aufgrund der Länge der Leinen weitgehend unbehindert und dachte: „Hauptsache Freilauf?“

MISSVERSTÄNDNIS „BEI FUSS"-GEHEN

Viele Missverständnisse birgt auch das beliebte „Bei Fuß"-Gehen. Ja, es gibt Situationen, in denen es hilfreich sein kann, wenn der Hund ganz eng neben seinem Menschen geht, auf Brücken mit Gegenverkehr zum Beispiel oder auf zu überquerenden Radwegen. Es gibt auch Hunde, die in bestimmten Situationen den engen Körperkontakt zu ihrem Menschen brauchen und schätzen. Und es gibt Hunde, die bei Ratlosigkeit gern gesagt bekommen, was sie tun sollen und durch zuvor geübte Abläufe Sicherheit gewinnen.

Es gibt aber auch viele Menschen, die das „Bei Fuß"-Gehen aus blankem Eigennutz fordern. Sei es, um andere mit dem wohlerzogenen Hund zu beeindrucken, ihre Macht über den Hund zu demonstrieren oder sich nicht um die Bedürfnisse des Hundes kümmern zu müssen, wenn das doch durch ein einfaches Kommando und dessen Umsetzung obsolet zu sein scheint. Manche Menschen nutzen auch den Spaziergang, um das in der Hundeschule Gelernte umzusetzen und zu üben. Dagegen spricht auch nichts, wenn der Hund diese Übungen als wohlmeinende Beschäftigung auffasst und die Einheiten kurz und freundlich (am besten auch noch lustig) bleiben. Ein lieber Freund hat mir zum Beispiel erzählt, sein Hund würde beim Kommando „Fuß" immer dreinschauen, als würde er sagen: „Wir gehen zu Fuß? Super!" Seither sagt er deswegen immer „Zu Fuß", wenn er meint, eine Übung zur lockeren Leine wäre angebracht. Sowas mag ich, auch wenn ich die Kommando-Kultur ansonsten nicht gut leiden kann. Aber ich kenne ihn und weiß, wie er das meint. Er würde nie erwarten, dass sein Hund wie angeklebt an seinem linken Bein marschiert, den Blick zu ihm gerichtet, die Umgebung völlig ausblendend, um ausschließlich die Wünsche seines Herrn und Meisters zu erfüllen. Er erwartet lediglich ein Gehen an lockerer Leine in relativ geringem Abstand zu ihm.

Das Kommando „Fuß" ist wie der Rückruf „Hiiiiier!" ein Relikt aus der Vermischung von Hundesport und Erziehung, wie man sie auch heute noch in althergebrachten Hundeschulen findet. Wie schon in einem vorangegangenen Kapitel erwähnt, ist das einer der Gründe, warum die Metamorphose des Hundes vom Untergebenen zum Freund bei vielen Menschen psychologisch einfach noch immer nicht funktionieren will.

Wenn jemand mit seinem Hund für Turniere in einer Hundesportart, für professionelle Rettungshundearbeit, Polizei- oder Jagdgebrauchshundeprüfungen trainiert, haben diese Kommandos ihren Sinn. Es gibt in jeder Sportart und in jedem Beruf eben Regeln. Wobei die Trainingsmethoden wieder ein eigenes Thema sind, das zu hinterfragen hier zu weit gehen würde. Im familiären Zusammenleben mit Hunden sollten solche Strukturen aber langsam ausgedient haben, denn die Einstellung folgt bekanntlich immer der Sprache.

Für das einfache Gehen an lockerer Leine braucht es keine Kommandos, sondern Kommunikation und oft einfach auch nur längere Leinen. Viele (sehr viele!) Hunde empfinden den geringen Abstand zu menschlichen Beinen als unhöflich bis bedrohlich, und wenn man sieht, wie unvorsichtig viele Menschen neben ihren Hunden her trampeln, ist das auch kein Wunder. Wie würde es uns gefallen, wenn wir ständig sehr dicht an jemandem laufen müssten, der so groß wie ein Baum oder ein Wolkenkratzer ist? Da kommen eher beklemmende Gefühle auf als Nähe und Bindung.

Hinzu kommt, dass Hunde, die im Vergleich zu uns klein sind, den bequemen Blickkontakt mit uns nur aufnehmen können, wenn sie ein Stück weit von uns weg sind. Stehen wir dicht bei ihnen, müssen sie ihren Hals unangenehm stark nach hinten biegen, um den für sie wichtigen Blickkontakt herstellen zu können. Bedenkt man dies, ist schnell erklärt, warum sie versuchen, etwas Abstand zu uns zu gewinnen.

Eine Kursteilnehmerin hat mich einmal ganz verzweifelt gefragt, warum ihr Hund einfach nicht neben ihr gehen wolle und ihr ständig ausweiche, wo sie doch nie unfreundlich zu ihm wäre und ausschließlich über Futterbelohnung mit ihm arbeiten würde. Ein Blick auf ihre Füße hat genügt. Die Dame trug schwere Holzpantoffeln, die sie als überaus angenehm und spaziergangstauglich empfand. Ihrem anfangs durchaus übungswilligen Hund war sie damit wohl ein paarmal unabsichtlich (fast) auf die Zehen getreten und sie war zutiefst erschüttert, als ich das als Grund für sein Verhalten anführte. Ich bat sie, die Schuhe auszuziehen und glaube, der Hund hätte mir dafür am liebsten ein paar Kekse gegeben, denn seine Bestätigung meiner Vermutung folgte im wahrsten Sinn auf dem Fuße. Sollten Sie und Ihr Hund in einer ähnlichen Situation sein, wundern

Sie sich bitte nicht, wenn er, auch nachdem Sie Ihr beeindruckendes Schuhwerk ausgezogen haben, Vorsicht in der Nähe Ihrer Füße walten lässt. Dass Sie künftig besser auf seine Befürchtungen eingehen werden, müssen Sie ihm nämlich erst beweisen.

Es muss aber nicht immer gleich etwas so Offensichtliches sein, das einen Hund dazu bringt, mehr Abstand zu halten, als es dem Menschen lieb ist. Flatternde Kleidung zum Beispiel oder ein dicker Bauch, der das Gesicht des Menschen schwer sichtbar macht, voluminöse Winterkleidung oder ein ungleichmäßiges Gangbild, Schlurfen, Badeschlappen, die ein klatschendes Geräusch machen, quietschende Sohlen, die brennende Zigarette in der Hand – all das kann aus Sicht des Hundes ein Grund dafür sein, Abstand zu halten. Zusätzlich kann es sein, dass er nicht so knapp neben uns gehen mag, weil sein persönlicher Individualabstand das so fordert.

Natürlich könnte man an all dem trainieren … aber wozu? Bricht uns ein Zacken aus der Krone, wenn wir auf unseren Hund Rücksicht nehmen und einfach akzeptieren, dass auch er Gründe für sein Tun hat, ohne sich dafür rechtfertigen zu müssen? Ich glaube, genau das macht das Miteinander von Mensch und Hund viel interessanter. Nur so kommen wir zu einem wirklich tiefen Verständnis unseres Freundes auf vier Pfoten.

MISSVERSTÄNDNIS BELLEN

Besonders guten Nährboden für Missverständnisse bietet auch das Bellen eines Hundes. Von den meisten Menschen wird Bellen grundsätzlich als etwas Störendes empfunden – interessant in einer Welt voller Verkehrslärm, Baustellen, Rasenmäher, plärrender Menschen und Fernseher. Und ebenfalls interessant, dass der Mensch selbst es war, der im Laufe der Jahrhunderte verschiedene Hundetypen gezüchtet hat, die ihm gerade durch ihr Gebell in unterschiedlichen Bereichen zu Diensten sein sollten. Der Spitz sollte sich beim Haus aufhalten, kaum Interesse am Jagen haben und alles Verdächtige mittels deutlichem Gebell melden. Der Dackel sollte in den Dachsbau eindringen und dort ordentlich Radau schlagen, damit der Jäger ihn orten und sich am richtigen Ausgang des Baus positionieren konnte, falls sich der Bewohner durch den lauten Eindringling hinaustreiben ließe. Meutehunde und ihr melodisches Geläut, Bracken mit ihrem wohltönenden Spurlaut, Hofhunde, Wachhunde, Herdenschutzhunde – für sie alle war und ist Gebell ein Teil der Arbeit, für die sie gezüchtet wurden.

Heute werden Spitz, Dackel, Terrier und viele ihrer kleineren Kollegen (auch die meisten der sogenannten Begleithunde hatten ursprünglich die Aufgabe, zu melden) missmutig als „kleine Kläffer" bezeichnet, denen man das Bellen dringend aberziehen müsse und große bellende Hunde werden überhaupt gleich als Gefahr für Leib und Leben wahrgenommen. Angezüchtet, um dann aberzogen zu werden – eine absurde Entwicklung, nicht nur im Bereich der Lautäußerung.

Unterschiedliche Hunde haben unterschiedliche Gründe und Veranlagungen zu bellen, aber kein Hund bellt, um uns zu ärgern. Dennoch ist der erste (und oft einzige) Impuls vieler zu Rate gezogener Hundetrainer, das Bellen zu verbieten, zu verleiden, es ihm abzugewöhnen. Mit Wasser bespritzt, mit Rütteldosen erschreckt, mit Anti-Bell-Halsbändern traktiert, in die Seite gekickt oder gestochert und mit Zischlauten eingeschüchtert – wir sollten uns schämen! Die Methoden der modernen Hundetrainer sind da schon erheblich einfühlsamer. Abbruchsignale werden aufgebaut, Bellpausen belohnt, es wird Management betrieben – den kreativen Trainingsideen sind keine Grenzen gesetzt. Dennoch bleibt das Gefühl, zu bellen wäre etwas grundsätzlich Falsches. Warum eigentlich?

Tatsächlich kann ein dauerbellender Hund zum Problem werden. Immer mehr Hunde teilen sich immer weniger Lebensraum mit immer mehr Menschen und deren Hunden. Natürlich sind da Konflikte vorprogrammiert, wenn unterschiedliche Bedürfnisse zwangsläufig aufeinandertreffen. Aber wenn man sich nur ein bisschen mit der Herkunft und dem Bellverhalten seines Hundes auseinandersetzt, kommt man schnell dahinter, warum er bellen muss, was er damit sagen will und unter welchen Umständen er das tut – oder eben nicht tut.

Bei Aufregungsgebell kann man sich selbst angewöhnen, alles in besonderer Ruhe zu erledigen, den Grund der Aufregung erklären, den Hund streichelnd beruhigen (wenn er das mag) und die Auslöser minimieren. Das kann ein Sichtschutz im Garten sein, eine Jalousie, Rituale, die die Aufregung mindern (Kekse

suchen, Kauartikel bearbeiten, Massagen), generell den Stresslevel niedrig halten und den Tagesablauf des Hundes überdenken. Wer viel und scheinbar grundlos bellen muss, hat möglicherweise sehr viele unverarbeitete Eindrücke in sich gespeichert, die irgendwo wieder raus müssen.

Bei Hunden, die beim Rausgehen sehr aufgeregt bellen, kann es helfen, gleich vor der Haustür die erste Keks-Such-Pause zu machen und erst danach loszugehen. (Wer jetzt Interesse an Keks-Such-Pausen oder ähnlichen freundlichen Alternativen zu den üblichen Forderungen an den Hund hat, kann dies in meinem Buch „Wege zur Freundschaft – Das Praxisbuch" nachlesen.) Bis dieses Ritual aufgebaut ist, dauert es ein paar Tage, aber danach merkt der Hund, wie gut es ihm tut und wird es vermutlich künftig von selbst einfordern.

Bei Hunden, die sich für den Wachauftrag zuständig sehen, hilft es, wenn man ihre Arbeit wertschätzend behandelt. Ein Wächter sagt jedem, der sich seinem Domizil nähert, dass er es nicht wagen soll, ungefragt einzutreten. „Du kommst nicht vorbei!" Um es bei diesem „kurzen Satz" zu belassen, sollten wir uns erfreut beim Hund bedanken und ihn für seine gute Arbeit loben. Eine freundliche, anerkennende Reaktion vermittelt dem Hund nämlich das Ende seines Auftrags und verhindert so dauerhaftes Bellen. Viele Hunde bellen länger, als sie müssten, weil sie uns etwas mitteilen, aber keine Antwort bekommen. Das tun Menschen genauso. Wenn Sie Ihrem Partner etwas Wichtiges zurufen und keine Rückmeldung bekommen, werden Sie Ihren Zuruf vermutlich auch wiederholen. Mehrmals und immer lauter.

Am langwierigsten gestaltet sich der Umgang mit Meldehunden. Deren Gebell könnte man mit „Hast du das gesehen? Hast du das gehört? Ist das beunruhigend? Komm schnell her!" übersetzen. Dieser Grund zu bellen ist der bei Weitem häufigste Anlass, einem Hund das Bellen verbieten zu wollen. Besonders wenn man mehrere Hunde hat, kann das wirklich zu Unmut in der Nachbarschaft führen. Meine eigenen Hunde gehören auch zu dieser Kategorie. Bei dieser Art von Bellverhalten ist es wichtig, das „meldepflichtige" Areal zu begrenzen, um den Hund nicht zu überfordern. Ich habe zu diesem Zweck meinen Garten zweigeteilt und an einer strategisch wichtigen Bellstelle einen Palettensitzplatz eingerichtet. So bin ich in Hundehöhe und kann direkt auf ihre Meldungen eingehen. Unsere Gespräche laufen dabei fast immer gleich ab. Einer der Hunde (oder alle) melden ein Geräusch (und derer gibt es viele in einer Gartensiedlung), ich sage, „Ich hab's auch gehört. Das ist nur der Nachbar/ der Wind/ der Hund auf der Wiese ... Super, aber jetzt ist's genug." Voraussetzung dafür ist natürlich, dass die Hunde nie allein im Garten und unsere Aufenthalte dort zeitlich begrenzt sind. Melden ist nämlich anstrengend und mit wachsender Müdigkeit werden auch die Auslöser mehr. Die Meldeschwelle sinkt also kontinuierlich. Anfangen würde ich mit zehn Gartenminuten im Wechsel mit ein bis zwei Schlafstunden drinnen. Das klingt mühsam, bringt aber auf Dauer viel befriedigendere Ergebnisse als alle Verbote der Welt und es stellen sich recht rasch Erfolge ein, wenn man konsequent bleibt beim Ernstnehmen der Hunde.

Meine alteingesessenen Hunde melden in unserem Garten wirklich nur mehr grobe Verstöße der Nachbarschaft oder knapp an unserem Zaun vorbeigehende Hunde und wir können im Sommer ganze Tage im Garten verbringen, ohne allzu unangenehm aufzufallen. Allerdings ist Ende Oktober 2021 die kleine Dackelhündin Elfie bei uns eingezogen und ich mache mich schon auf einen sehr kommunikationsintensiven Frühling gefasst. Im Frühling werden nämlich die des Meldens würdigen Geräusche wieder häufiger, wenn sich die Menschen mehr im Freien aufhalten. Ich werde aber auch hier wieder auf vernünftige Gespräche und Ausdauer setzen, denn als das Elfenkind bei uns eingezogen ist, gab es wohl eine ganze Reihe von unheimlichen Geräuschen und Anblicken in unserem Haus, die nach umfangreichen Erklärungen verlangten. Elfie stammt aus einem Animal Hoarding Fall, der erst aufgedeckt wurde, als das Haus abbrannte. Glücklicherweise haben sie und etliche andere Hunde in einem Außenzwinger gelebt und konnten weitgehend unbeschadet befreit werden. Dennoch hatte sie ihr ganzes bisheriges Leben in einem Zwinger verbracht und kannte gar nichts. Zwar hatten ihre beiden Pflegestellen hervorragende Arbeit geleistet und sie bestmöglich auf ihr neues Leben vorbereitet, aber es gibt dennoch viele, viele unbekannte Dinge, auf die sie mit schrillem Gebell reagieren muss. Zum Beispiel ihr Spiegelbild. Ich habe im Schlafzimmer einen Schrank, dessen Mittelteil aus einem großen Spiegel besteht. Bereits in der zweiten Nacht (die erste hatten wir gemeinsam auf der Couch im Wohnzimmer verbracht) bescherte sie mir einen Beinahe-Herzanfall, als sie vom Bett aus ihr Spiegelbild entdeckte und eine wahrhaft höllische Schimpftirade in diese Richtung schickte. („Da ist ein Hund im Zimmer! Ein fremder Hund! Geh weg! Hilfe!") Ebenso beschimpft wurde das Knacken des Kühlschranks, das Ächzen des alten Gebälks im Dachboden, der Wind, der gegen die Terrassentür drückte, die Spiegelung der Lampe im Glas der Eingangstür, das Geräusch, wenn ich die Backofentür schloss, sprechende Menschen, bellende Hunde, die Stimme eines Radiomoderators, das Klappern der Schuppentür im Nachbargarten – und das alles, solange sie sich IM Haus befand. Draußen hat es ohnehin fast nichts gegeben, das ihr nicht irgendwelche Töne entlockt oder schimpfende Flucht verursacht hätte.

Bei offenem Fenster zu schlafen (was ich das ganze Jahr über sehr liebe), ist nach wie vor nicht möglich, aber alles andere habe ich ihr innerhalb von drei Monaten weg-erklärt. Das Spiegelbild haben wir uns gemeinsam ungefähr tausendmal unter Beteuerungen („Das ist nur die Elfie, schau doch!") angesehen, bis sie mir endlich geglaubt hat. Dem knackenden Kühlschrank, der spiegelnden Lampe, dem Backofen und dem Wind an der Terrassentür konnte ich den Schrecken nehmen, indem sie all diesen Dingen von meinem Arm aus ins Gesicht sehen und dabei meinen Erklärungen lauschen konnte. Sprechende Menschen und bellende Hunde werden zwar immer noch kommentiert, aber nicht mehr mit infernalischem Gebrüll, sondern mit verblüfften, kurzen „Wuffs". All das waren und sind Feststellungen, Fragen, Ausdrücke des Erschreckens, Warnungen und Mitteilungen. Wie könnte ich so etwas als „störendes Gebell" abtun und verbieten wollen?

Ganz anders verhält es sich im Garten meiner Eltern. Dieser Garten ist ein prächtiger Naturgarten und sehr groß. Es gibt dort Spuren und teilweise auch Wohnungen von Marder, Ringelnatter, Fuchs und Dachs. Zusätzlich trennt nur ein dünner Maschendrahtzaun den Garten vom Wald, in dem auch Rehe und Wildschweine leben. Ein Geruchsflash, der seinen Tribut fordert. Mein Dackel Eddie ist damit regelmäßig so überfordert, dass er sich eine Aufgabe sucht, die er bewältigen kann: Das Bewachen des Stück Zauns, an dem ein Spazierweg vorbeiführt. Dort sucht er sich dann geeignete Stellen mit guter Sicht und bellt und bellt. Würde ich dort wohnen, wäre mein erster Akt, einen Zaun so zu ziehen, dass er nicht mehr in diesen Teil des Gartens gelangen könnte. Ich würde die Terrasse umzäunen und so Ruheinseln schaffen, die in dieser Fülle von Eindrücken nötig wären, um mental loslassen und sich wieder beruhigen zu können. Nachdem wir zwar regelmäßig, aber nicht allzu oft dort sind, lösen wir das „Problem“ anders. Muss er sich zu viel aufregen, gehen wir hinein und bleiben dort für ruhige Gespräche und ein Eddie-Schläfchen. Danach hat er wieder ein paar Reserven frei. Im Sommer, wenn alle Türen offen sind, setzen wir uns mit den Hunden in den hinteren Teil des Gartens und die lange Leine kommt zwischendurch zum Einsatz. Auf diese Weise kommt er auch zur Ruhe. Die beiden Damen fühlen sich in diesem Garten ohnehin nicht für Überwachungsaufgaben zuständig und melden daher auch kaum etwas.

Das sind aber nur unsere speziellen Umstände und mein persönlicher Umgang damit. Meine Erzählungen sollen lediglich Denkanstöße bieten, wie man ohne Verbote und mit Verständnis auf unterschiedliche Bellsituationen reagieren kann, denn eines ist sicher: Bellen mag manchmal vielleicht unsere Ohren beleidigen, aber es ist nie sinnlos. Etwas als „sinnlos“ zu bezeichnen, nur weil sich uns der Sinn nicht gleich erschließt, drückt menschliche Überheblichkeit aus, die wir uns schön langsam wirklich abgewöhnen sollten. Auch die anderen geschilderten Missverständnisse sind nur ein kleiner Auszug dessen, was üblicherweise zwischen Mensch und Hund abläuft, wenn wir unreflektiert übernehmen, was uns seit Jahrzehnten vorgeplappert wird, statt uns auf das Wesen des Hundes und seine Sicht auf die Welt einzulassen, wie es einer richtigen Freundschaft entsprechen würde.

Kapitel 6

Wer ist der Hund an unserer Seite?

Einen Hund und das, was er mag, kann und freiwillig anbietet, um den Familienverband zu unterstützen, kennenzulernen, ist für mich einer der schönsten Gründe und wahrscheinlich der wichtigste Aspekt, weshalb ich überhaupt mit Hunden zusammenleben möchte.

Um herauszufinden, wer ein Hund wirklich ist, wie er von sich aus mit Situationen umgehen würde und wie er die Welt sieht, eignet sich fast jeder Bereich des täglichen Lebens, wenn man es schafft, sämtliche menschlichen Bewertungskriterien und Bevormundungen zumindest kurz über Bord zu werfen und wirklich hinzuschauen. Dafür ist es wichtig, sich in seine Lage zu versetzen und eine Situation nicht nur aus der eigenen Perspektive, sondern auch mit seinen Augen zu sehen.

JAGEN

Als besonders aufschlussreich empfinde ich persönlich das Jagdverhalten. „Das Jagdverhalten ist der Schlüssel zur Seele.", ist einer meiner Standardsätze dazu. Das Besondere daran ist nämlich, dass wir aufgrund unserer unterlegenen Sinne davon wirklich keine Ahnung haben und unsere diesbezüglichen Schlüsse allein aus dem Verhalten unseres Hundes ziehen können. Das ist sehr hilfreich für die Beziehung, wenn man dazu neigt zu glauben, ohnehin alles besser zu wissen als der Hund. Aber auch, wenn man das nicht glaubt, ist sein Jagdverhalten für uns eine ständige Gelegenheit zum Lernen und besonders, den Hund kennenzulernen.

Ein jagender Hund ist ein erhebender Anblick. Auch wenn er sich dabei an einer langen Leine befindet. Für viele Hundehalter ist „Jagen" ein Synonym für „Hetzen", dabei ist das Hetzen tatsächlich nur ein ganz kleiner Teil dessen, was das Jagdverhalten eines Hundes ausmacht. Die bedeutend faszinierenderen und persönlicheren Bereiche der Jagd finden vorher und in unserer Nähe statt. Wenn wir also nicht damit beschäftigt sind, dem Hund jeden intensiveren Blick ins

Gebüsch, jedes versonnene Schnüffeln mit hoher Nase und jedes leidenschaftliche Inhalieren einer frischen Spur zu verbieten oder sofort ein Erziehungsthema daraus zu machen, lernen wir unseren braven Familienhund gleich von einer ganz anderen Seite kennen. Von seiner ursprünglichen Seite.

Hunde passen sich an beinahe jede Lebenssituation an. Im Grunde freiwillig, auch wenn sie nicht darum gebeten haben, bei uns leben zu dürfen. Beim Jagen aber zeigen sie, wer sie wirklich sind und was sie können. Von ganz allein und ohne, dass wir den geringsten Einfluss darauf gehabt hätten. Wenn Hunde ihr ureigenes Jagdverhalten präsentieren, bieten sie uns die Gelegenheit zum staunenden Bewunderer zu werden. Ein jagender Hund ist ein stolzer Hund! Einer, bei dessen Anblick wir uns in Demut üben können. Ein jagender Hund führt sämtliches Rudelführer-Geschwätz ad absurdum, weil wir niemals der Anführer bei Verhaltensweisen sein können, von denen wir nicht nur nichts verstehen, sondern für die uns auch die körperlichen und sensorischen Fähigkeiten beinahe vollkommen fehlen. Dennoch können Hund und menschlicher Jäger sehr gut zusammenarbeiten. Von richtig guten Jägern hört man oft den Satz: „Ohne meinen Hund bin ich nichts!“ Und die, die das nicht begriffen haben, verdienen eigentlich auch keinen Hund.

Ganz abgesehen davon, wie kritisch man selbst der Jagd gegenübersteht – unser Hund weiß nichts davon und es ist auch nicht seine Aufgabe, Wildtiere zu schützen. Das ist allein unsere Pflicht! Er kann und weiß Dinge, die ihn zu großen Teilen ausmachen und wir haben nicht das Recht, diese Fähigkeiten gering zu schätzen oder sie ihm abzuerziehen. Wir haben nur dafür zu sorgen, dass anderen Tieren nichts passiert. Das ist es, wofür wir unsere eigenen Fähigkeiten nutzen sollten, nicht dazu, dem Hund in sein Metier zu pfuschen.

Mit Grausen denke ich dabei an Legionen von Hundehaltern, die irgendeiner Methode folgend dem Hund erklären wollen, wann er die Umgebung zu „scannen“ habe, wann eine Spur uninteressant wäre, wann er sich davon wegzudrehen und gefälligst seinen Menschen anzuschauen habe und vor allem, wann er Interesse zeigen darf und wann nicht. Als ob beim Jagen nicht gerade der Zeitpunkt zu den wesentlichsten Dingen gehörte …

Geradezu beschämend finde ich auch das Werfen eines Futterdummys als Jagdersatztraining. Das ist, als ob man einen begnadeten Gitarristen dazu zwingt, anstelle eines komplizierten Solos „Alle meine Entlein“ zu spielen und denkt, damit habe er gefälligst zufrieden zu sein. Zum Spaß kann man „Alle meine Entlein“ schon einmal auf einer Stratocaster spielen, aber auf Dauer wird das zur Beleidigung.

Geht der Hund alleine jagen, ist er ein schlimmer Hund, dem wir egal sind. Lädt er uns durch Anzeigen, Blicke und andere Absichtserklärungen ein, ihm zu folgen, wird sofort ein Trainingsplan gezückt, um ihm das abzugewöhnen. Das Perfide daran ist ja, dass Hunde uns so bereitwillig mitnehmen in ihre reichhaltige Welt der Spuren und Gerüche und wir, einem trojanischen Pferd ähnlich, diese Einladung nutzen, um den Hund dann aus jener Welt auszuschließen. Aus einer Welt, von der wir nichts verstehen, aber von Hunden alles darüber lernen könnten.

Klarer als durch das Jagdverhalten wird uns nirgends vor Augen geführt, welche Möglichkeiten es in unserer Beziehung zu Hunden geben könnte, wenn wir uns nicht immer als Erziehende betrachten würden, sondern als Partner, die sich gegenseitig voneinander lernend in Freundschaft verbinden. Einem Hund erziehend ins Jagdverhalten zu pfuschen, verschließt uns die Möglichkeit zu der Art von Bewunderung, die unsere Beziehung zu Hunden so bitter nötig hätte. Ein schönes Beispiel dafür liefert Nelly, die Hündin meiner Kollegin Elske. Nelly stammt aus einem behördlich beschlagnahmten Zuchtprojekt, dessen Ausgangsrassen aus Deutschem Jagdterrier und Heideterrier bestanden. Zuchtziel war der optimale Schwarzwild-Jagdhund. Alle Welpen des letzten Wurfs landeten im Tierheim, denn ihr Jagdverhalten war wohl auch für geübte Jäger zu wenig einschätz- und kontrollierbar.

So kam Nelly zu Elske. Glücklicherweise ist Elske genauso sportlich und naturverbunden wie neugierig und klug. Andernfalls hätte Nelly wohl nie die Chance bekommen, ihre wahren Talente in geschütztem Rahmen auszuleben. Nelly wollte laufen, also lief Elske mit ihr. Nelly wollte Spuren suchen, also suchten sie. Nelly wollte beobachten, also saßen sie und knabberten „Popcorn“, wie Elske die zu diesem Zweck benutzten Hundekekse nennt. Und Nelly bot Anzeigen in Hülle und Fülle, die natürlich gewürdigt und erforscht wurden. Hätte sich Elske anstelle all dieser gemeinsamen Unternehmungen damit beschäftigt, erzieherisch auf den Hund einzuwirken, wären ihr all die kleinen Hinweise und Wünsche, die Nelly bot und äußerte, wohl nicht aufgefallen. Denn ein erziehender Mensch hat seinen Fokus auf dem Ergebnis, zu dem er mit dem Hund gelangen möchte. Ein Ergebnis, das in der Zukunft liegt und nicht in der Gegenwart. Gemessen werden gelungene Spaziergänge dann an Trainingserfolgen oder auch Misserfolgen. „Heute war sie brav und hat alles getan, was ICH wollte ..." Was dem Hund selbst auf diesen Spaziergängen wichtig wäre, wird dabei meist übersehen oder gibt Anlass zu weiteren Anti-Strategien.

Jagdhunde in Jägerhand haben zumindest den Vorteil, dass sie ihre angeborenen Talente ausleben können (kein Jäger nimmt sich einen Hund, der nicht zu seiner Art des Jagens passt), Jagdhunde in Nichtjägerhand sollen aber ihr Leben lang nicht tun, was sie am besten können und am liebsten tun. Nelly hätte anderswo wohl nie zeigen können, welch hervorragender Kadaver-Suchhund sie ist. Aber genau das ist es, was sich als ihr Supertalent herausgestellt hat. Sie sucht, findet, zeigt an und führt Elske zielsicher zum nächsten toten Tier. Rehe werden dabei bevorzugt, aber auch Füchse, Vögel und Mäuse (wenn auch weniger enthusiastisch) gehören zu ihrem selbstgewählten Einsatzspektrum.

Die „Totsuche" ist etwas, das Hunden mit mehr oder weniger großem Aufwand beigebracht wird. Künstlich. Ein Hund, der Talent dafür und Interesse daran hat, zeigt Kadaver aber von ganz allein an – nur muss er eben auch an einen Menschen geraten, der diese Anzeigen sieht und ernst nimmt. Hätte Elske Lust dazu, könnte sie jetzt den Vorgang der Totsuche unter „Signal" stellen. Das heißt, sie könnte beim nächsten Mal, wenn sie in ein Gebiet geht, wo Nelly schon ein totes Tier gefunden hat, sie mit irgendeinem „Kommando" zum Suchen schicken und sie dann für den Fund ausführlich loben und mit Futter belohnen. Das Ergebnis wäre das gleiche wie bei künstlich aufgebauter Totsuche, nur zuverlässiger, weil der Hund nicht über Umwege lernen müsste, sondern nur etwas benannt würde, das er von sich aus tut.

Diese Taktik bewährt sich immer wieder, weil man dabei mit dem Hund zusammenarbeitet und ihm nicht fremde Ideen überstülpt. Sofern einem das wichtig ist, kann man dafür dann genormte Signale verwenden oder auch nicht. Dem

Hund ist das auf diesem Level der Zusammenarbeit egal, weil er den Vorgang schon lang vorher verstanden hat und dadurch völlig ungezwungen agieren kann, während man in umgekehrter Reihenfolge auch bei noch so freundlichem Training immer etwas von ihm verlangt, das auch Fehlerquellen beherbergt und dadurch Frust erzeugen kann.

Auch bei meinen eigenen Hunden ist immer der (Spazier)Weg das Ziel. Zeigt einer der Hunde besonderes Interesse oder bestimmte Verhaltensweisen, versuche ich herauszufinden, was er damit mitteilen möchte und benenne es dann, sobald ich mir sicher bin. Auf diese Weise sind sie unter anderem zu zuverlässigen Findern von Biberspuren geworden. Wir sind ja wohnortbedingt fast ständig in Wassernähe unterwegs und kennen dementsprechend viele Stellen, an denen Biber an Bäumen nagen, Äste ins Wasser ziehen und alle möglichen anderen Hinweise auf ihre Anwesenheit hinterlassen. „Da war der Biber!", ist ein Satz, den meine Hunde also sehr gut kennen. Und ich kenne ihr Verhalten bei Biberduft inzwischen auch ganz genau. Als wir einmal relativ weit vom Wasser entfernt im Wald unterwegs waren, zeigten zwei meiner Hunde plötzlich ganz deutlich „Biber" an. Ich habe gedacht, „Na, das kann aber nicht sein, diesmal irrt ihr euch.", aber mir gottlob gerade noch verkniffen, mich derart geringschätzig über ihre Mitteilungen zu äußern. Ich fragte also eher pflichtschuldig als begeistert: „Wo war denn der Biber?", und los ging es. Zielsicher führten sie mich an der langen Leine ein Stück weiter den Weg entlang zu einer Lichtung und dort waren völlig unerwartet weit vom Wasser entfernt etliche umgeknickte Bäume mit deutlichen Nagespuren zu sehen. Ich war so verblüfft, dass ich Fotos davon machte und mich den gesamten Heimweg lang in Gedanken bei meinen Hunden entschuldigte.

Auch mein jüngster Hund, die kleine Elfie, fängt bereits an, ihre persönlichen Leidenschaften zu entwickeln. Sie läuft sehr schnell und reagiert dabei ausgesprochen gut auf meine Handzeichen, interessiert sich derzeit noch für alle Tierspuren gleichermaßen (ich bin schon sehr gespannt auf die Vorlieben, die sich in den nächsten Monaten herauskristallisieren werden) und ist eine begeisterte, aber nicht obsessive Gräberin. Am weitesten entwickelt hat sich aber bis jetzt ihr Talent, „Dinge, die nicht dorthin gehören" zu identifizieren, diese aufzuheben und ein Stück weit zu tragen. Das können weggeworfene Bierdosen sein, verlorene Handschuhe, ein Fahrradschlauch, Flaschen aus Glas und Plastik, Taschentücher und natürlich Holz in allen Formen und Größen. Sie trägt diese Dinge mit Begeisterung und ich wurde schon oft gefragt, warum ich nicht damit beginnen würde, ihre Fundstücke gegen Kekse einzutauschen und ihr so das Apportieren näherzubringen. Das werde ich möglicherweise irgendwann auch tun, aber zuerst will ich wissen, was sie von sich aus mit diesen Dingen machen möchte. Wie weit möchte sie sie tragen? Möchte sie überhaupt apportieren oder hat das Tragen andere Gründe? Ist ihr das Tragen an sich wichtig oder eher das Finden und die Beschäftigung mit dem Fundstück? Würde es ihr Spaß machen, als Müllsammelhund zu agieren und zu lernen, die gefundenen Dinge in einen Müllsack zu werfen? Bevor ich noch nicht genauer über ihre Beweggründe und Absichten Bescheid weiß, werde ich mich jedenfalls hüten, ihr meine Vorstellungen aufzudrängen, weil es viel wichtiger ist, herauszufinden, was sie möchte und wer sie ist.

Während ich dieses Kapitel schrieb, erzählte mir meine Freundin und Verlegerin Clarissa, dass sie sich mit ihrer dreijährigen Herdenschutzhundmischlingshündin Angelina in der genau gleichen Beobachtungsphase befindet. Auch Angelina sammelt alles Mögliche auf, trägt es manchmal sehr lange und manchmal nur kurz, bevor sie den Gegenstand wieder liegen lässt. Manchmal nimmt sie ihn beim nächsten Spaziergang in diesem Gebiet wieder auf und trägt ihn wieder ein Stück. Irgendwann begann sie, ausgesuchte Holzstücke mit nach Hause zu nehmen und Clarissa beobachtete, dass dies immer ganz besondere Holzstücke waren, die zum Beispiel sehr knorzig gewachsen sind oder eine eigenwillige Struktur haben. Mit ihnen spielt Angelina immer wieder, und wenn Clarissa mal eines dieser Holzstücke beim Rasenmähen zur Seite räumt, sucht Angelina, bis sie es findet, läuft eine Weile damit herum und legt es dann in der Regel wieder an der ursprünglichen Stelle ab. Sie scheint ihre eigene Vorstellung davon zu haben, wie ihre Holzstücke verteilt sein sollen und stellt diese Ordnung deshalb immer wieder her. Ebenso verhält es sich mit Steinen. Clarissa nimmt öfter Steine mit nach Hause und legt sie zum Beispiel beim Gartenteich oder an schönen Stellen im Garten ab. Dann beginnt ein ritualisiertes Spiel: Angelina beobachtet, wohin Clarissa den Stein legt und geht dann weg. Nach einer Weile, oft erst Stunden später, nimmt sie genau diesen Stein, ganz gleich, ob er wirklich groß und schwer oder ganz klein ist, und legt ihn ein paar Meter entfernt wieder ab. Unter dutzenden oder sogar hunderten von Steinen des Kiesbetts, das um den Teich herum angelegt ist, ist es immer genau der zuletzt gelegte. Wenn Clarissa den Stein dann wieder an seine Stelle legt, belässt Angelina ihn dort. Kürzlich legte Clarissa einen Stein zum Teich, ohne dass Angelina dies mitbekam. Ein paar Stunden später lag genau dieser Stein einige Meter entfernt, und nachdem Clarissa ihn wieder an die vorgesehene Stelle gelegt hatte, ließ Angelina ihn dort liegen – wie immer. So interessant zu beobachten!

Es ist generell höchst befreiend, wenn man nicht darüber nachdenkt, was der Hund (noch) nicht kann, sondern sich völlig darauf konzentriert, was er alles Tolles kann. Ein Unterschied, der Hunden keinesfalls verborgen bleibt. Voraussetzung dafür ist natürlich, dass man seine eigenen Vorstellungen, wie der Hund zu sein hätte, aus dem Denken verbannt und sich stattdessen unvoreingenommen zeigen lässt, wie er wirklich ist – und das ist oft überraschend, in jedem Fall aber immer beeindruckend. Dabei ist das Jagdverhalten, wie man es dreht und wendet, eben wirklich der Schlüssel zur Seele des Hundes. Zumindest einer davon. Aber kommen wir noch einmal ausführlicher auf das Spielen zurück.

SPIELEN

Eine ebenso gute Gelegenheit, seinen Hund richtig kennenzulernen, bietet das gemeinsame Spiel. Leider neigen wir Menschen dazu, immer nach unseren Regeln spielen zu wollen, wodurch uns ein Großteil der Kreativität verborgen bleibt, die Hunde dabei an den Tag legen können. Einige der interessantesten Beobachtungen konnte ich allerdings gerade wegen eines Spiels machen, dessen Regeln ich aus therapeutischen Gründen aufstellen musste. Entgegen der allgemeinen Ansicht, dass ein Balljunkie, um von seiner Sucht geheilt werden zu können, nie wieder einen Ball geworfen bekommen dürfe, habe ich mich damals dazu entschlossen, statt „nie wieder" ein Ritual zu etablieren.

Dieses Relikt aus der Anfangszeit mit meiner Rauhaardackel-Jagdterrier Mischlingshündin Vivi ist unser mittägliches Spielritual. Um sie von ihrem Balljunkietum zu befreien, habe ich damals ein Spiel mit Regeln eingeführt. Es gibt einen immer gleichen Anfang und ein immer gleiches Ende. Dazwischen beschäftigen wir uns mit Bällen. Dieses Spiel zu ritualisieren war damals nötig, weil Vivi von allein nicht damit aufhören konnte, Bälle wie verrückt durch Angriffe verteidigte (auch gegen mich) und auch den unter Blut, Schweiß und Tränen erbeuteten und weggeräumten Ball in seiner Schublade bewachte sowie lautstark dessen erneute Herausgabe forderte.

Hunde dieser Rassen können sehr hartnäckig sein und in Vivi sind beide vereint, was einiges an Ideenreichtum beim dazugehörigen Menschen fordert. Meine Idee dazu war eben dieses Spiel, bei dem jeder Beteiligte sich auskennt. Im Spiel war nur ein bestimmter Ball, was den Vorteil hatte, dass meine anderen Hunde ebenfalls Bälle haben durften, ohne Vivis Unmut auf sich zu ziehen. Die letzte Aktion wurde angekündigt („einmal noch") und der letzte Wurf ging immer in eine bestimmte Ecke, wo dann gegen etwas besonders Gutes getauscht wurde. Allerdings nicht gleich, um ihr noch Zeit zu geben, auch für sich mit dem Spiel abzuschließen. Ich habe immer gefragt, ob „es schon ginge" oder sie noch mehr Zeit bräuchte, worauf ich ebenfalls immer sehr deutliche Antworten bekam. Anschließend wurde der Ball in den Keller gebracht (außer Riech- und Reichweite) und dann Kekse gesucht (um wieder runterzukommen). Das hat erstaunlich gut und erstaunlich schnell funktioniert.

Mittlerweile ist die Vivi irgendwas zwischen 12 und 14 Jahre alt und liebt dieses Ritual immer noch. Gespielt wird immer noch mit einem bestimmten Ball, der aber nicht mehr in den Keller muss, sondern seit geraumer Zeit in der Küche wohnt. Verteidigt wird er nur mehr der Form halber und sie braucht auch keine Zeit mehr, um abzuschließen, sondern legt ihn an die damals gewählte Stelle und geht weg, während ich die Suchkekse hole. Das Interessante daran ist aber nicht nur, dass ausgerechnet meine äußerst meinungsstabile und verhaltenskreative Vivi Gefallen am klassischen Wurfspiel samt klar definierten Regeln gefunden hat, sondern auch und besonders das, was meine anderen Hunde daraus gemacht haben. Wobei mir beim Schreiben gerade auffällt, dass diese „klaren" Regeln ja gar nicht von mir definiert wurden. Eigentlich ist nur die Idee von mir und ich bestimme, wo der Ball verwahrt wird. Alles andere ist auf Vivis Mist gewachsen. So als hätte ich den Auftrag zur Umsetzung eines Projekts bekommen, dessen Leiterin jemand anderer ist. Wie auch immer ...

Nachdem ich nie nur einen Hund hatte, sind bis heute natürlich auch meine anderen Hunde immer bei diesem Spielritual dabei und beteiligen sich auf ihre eigene Weise daran. Faszinierend ist unter anderem, wie mühelos es Hunden gelingt, eigene Ideen in ein gemeinsames Spiel einzufügen, ohne es an sich zu reißen. Eine Kunst, in der sie uns wirklich weit voraus sind. Mein verstorbener Dackelmischling Bertie war ohnehin ein Meister darin, Spiele zu erfinden und andere äußerst charmant dazu zu bringen, mitzumachen und auch in diesem Fall hat er seinem Ruf alle Ehre gemacht. Zu Beginn des Spiels bekommen alle Hunde einen Ball. Vivi ist allerdings die einzige, die ihn geworfen haben möchte, um ihn wieder zu bringen und abermals geworfen usw. Bertie hatte sich dafür zuständig erklärt, Bälle zu suchen, die irgendwo landeten, wo Vivi sich weigerte hinzugehen. Der Laubhaufen, der unseren Igeln als Unterschlupf dient, ist so ein Ort oder dichter Efeu am Zaun zum Nachbarn, die Ecke des Zauns, in der der Ball einmal in einem vergessenen Hundehaufen gelandet ist (nie wieder hat Vivi diesen empörenden Ort betreten), die Brennnesseln am anderen Zaun und Ähnliches mehr. War ich so ungeschickt, den Ball ausgerechnet in eine dieser Zonen zu werfen, blieb Vivi mitten im Garten stehen und wartete, bis der Ball von Bertie gesucht, gefunden und zu mir gebracht wurde, damit ich ihn abermals werfen konnte. Seit Berties Tod vor einem Jahr fällt diese Aufgabe mir zu. Bälle von unliebsamen Orten abzuholen, war aber nicht die einzige Aktion, die Bertie von sich aus anbot. Besonderen Spaß hatte er daran, Bälle zu tauschen. Zu diesem Zweck flitzte er, seinen eigenen Ball tragend, auf Vivi zu, legte ihn ihr zu Füßen und wartete heftig wedelnd darauf, dass sie ihren dazulegte. Wenn das geschah, pickte er blitzartig ihren Ball auf und sauste wieder davon. Das passierte so schnell, dass ich oft dachte, jetzt hätte er sich vertan und seinen eigenen Ball wieder mitgenommen, aber er hat sich zeitlebens nie geirrt.

Mein Dackel Eddie hat nicht das geringste Interesse daran, einem Ball nachzulaufen, geschweige denn diesen zurückzubringen. Aber er rangelt gerne darum und besitzt ihn dann. Wenn also zu Beginn des Spiels die Bälle verteilt werden, lässt er seinen fallen und versucht Vivis Ball aus ihrem Fang zu zerren. Sein Glück, dass sie schon lange mit dem Verteidigen aufgehört hat, bevor er bei uns eingezogen ist. Ich muss dann Eddies Ball aufheben, „Vivi schau!" rufen und ihn ihr werfen. Sie lässt dafür ihren Ball fallen und flitzt los, um den anderen zu holen. Eddie hebt den zurückgelassenen Ball auf und zieht sich damit auf die Couch zurück. Dort wartet er, bis Vivis Spiel endet und das Bälletauschen mit anschließender Kekssuche beginnt. Als Erstes wird dabei sein Ball gegen Kekse getauscht. Gegen bestimmte Kekse (klein geschnipselte getrocknete Hühnerbrust – etwas anderes ist inakzeptabel und wird mit gequältem Blick verweigert) und mit dem immer gleichen Wortlaut „Bitte, zeig mir deinen Ball!", worauf er den Ball mit der Nase anstupst und dafür drei Kekse annimmt. Dann werden die anderen Bälle eingesammelt und Suchkekse verstreut (deren Art ist egal, nur die Tauschkekse müssen immer die gleichen sein). Gesucht wird so lange, wie ich brauche, um die Bälle in die Küche zu tragen und mit exakt fünf Streifen getrockneter Hühnerbrust wiederzukommen. Und dann beginnt Eddies Spiel: Zu diesem Zweck muss ich mich auf die Palette auf der Terrasse setzen, die Hühnerbruststreifen in kleine Stücke brechen und eine gewisse fröhliche Stimmung ausstrahlen. Er steht derweil erwartungsvoll vor mir und ich schwöre, er lacht zufrieden, wenn ich übertrieben theatralisch mit spannungsgeladener Stimme sage: „Der Eddie! Dieser Eddie geht jetzt … … suuuuchen!", während ich ein Stück Hühnerbrust möglichst weit weg werfe. Er sucht, kaut, schluckt und kommt dann begeistert zurückgesaust in Erwartung von allerlei Faxen, die ich mir für ihn ausdenken muss. Ich sage dann zum Beispiel: „Der Eddie macht jetzt ein Hoppi!", und reiße meine Arme in die Höhe. Dann hüpft er und erhält umgehend ein weiteres Stück Hühnerbrust. Dann wird wieder ein Stück geworfen, er kommt zurück und ich halte ihm die Handflächen entgegen: „Der Eddie macht ein Stopp!" Dann bremst er sich aus vollem Lauf ein und zappelt vor Ver-

gnügen, bis er das nächste Stück Hühnerbrust bekommt. Das geht so weiter mit unterschiedlichen Dingen, die „der Eddie macht", bis alle fünf Streifen verbraucht sind. Fünf müssen es nämlich deswegen sein, weil jedes Mal, wenn der Eddie „etwas macht", auch je ein Stück in die Mäuler von Vivi und Elfie wandert, die dem Schauspiel interessiert folgen, aber selbst keinerlei Ambitionen hegen, etwas anderes beizutragen, als zuzuschauen.

Auch die kleine Elfie versucht sich schon an eigenen Ideen, während ich Vivi im Spiel zu Diensten bin. Elfenhaft und drahtig wie sie ist, kann sie furchtbar schnell laufen und so ist sie immer schon vor Vivi an deren Ball. Es wäre ein leichtes Unterfangen für sie, den Ball einfach an sich zu nehmen, aber sie stupst ihn lediglich an, flitzt dann zu ihrem eigenen zurück und wartet auf meinen nächsten Wurf, um den Vorgang zu wiederholen. Manchmal spielt sie währenddessen auch ganz allein mit ihrem Ball, vergräbt ihn, gräbt ihn wieder aus und trägt ihn ins Haus. Ich bin gespannt, was ihr im Lauf der Zeit noch alles dazu einfallen wird.

Interessant finde ich auch noch, dass es Vivi und Elfie vollkommen egal ist, zu welcher Uhrzeit unser Spiel stattfindet. Für Eddie jedoch ist der Zeitpunkt von großer Bedeutung. Zwischen 12:00 und 13:00 Uhr muss es losgehen. Nicht früher und nicht später, ganz so, wie wir das anfangs aufgrund meiner Arbeitszeiten eingeführt hatten. Egal ob er gerade schläft, wir erst kurz zuvor von einem Spaziergang zurückgekehrt sind oder Besuch da ist. Irgendwann zwischen 12:00 und 13:00 Uhr wird er unruhig, tippt auf seine imaginäre Uhr und schaut mich erwartungsvoll an. Trödle ich herum, wird er deutlicher, läuft zur Tür und in die Küche, bis er sich schließlich vor mich hinstellt und nachdrücklich bellt. „Wir haben einen Termin! Halte dich gefälligst dran!", sagt er und natürlich hat er recht.

Ich könnte jetzt natürlich analysieren und interpretieren, was dieses oder jenes Verhalten meiner Hunde bedeuten mag. Ich könnte auch versuchen, das Spiel zu beeinflussen, es zu Erziehungszwecken zu nutzen und ihm dadurch meinen Stempel aufdrücken. Ich könnte auch so weit gehen und mancher gängigen Meinung glauben, die Eddies laute Spielaufforderungen als Respektlosigkeit versteht, die man ihm abgewöhnen müsse. Da habe ich auch gleich einen bekannten Fernsehhundetrainer vor Augen. Das alles könnte ich, aber in diese Falle werde ich nicht tappen. Wie könnte ich seine rührende Freude über all diese Kleinigkeiten so missverstehen? Eddie ist nicht respektlos. Er kommuniziert, nimmt aktiv am Familienleben teil, kennt sich in seinem Leben aus und sagt, was ihm wichtig ist. Bei menschlichen Mitbewohnern wäre das doch etwas höchst Wünschenswertes. Warum nicht bei Hunden? Ich glaube, dass vielen Hunden aufgrund von Fehlinterpretationen ihre Kommunikationsversuche aberzogen werden. Würden wir endlich besser zuhören und uns dafür interessieren, welche Persönlichkeiten unter all der putzigen Fassade stecken, wären wir in der Beziehung zu ihnen schon sehr viel weiter.

Wir nutzen Spiele zu Erziehungszwecken, was ja bei Welpen und kleinen Kindern gar kein falscher Ansatz ist, aber um in diesem freien Rahmen der Kreativität Raum zu geben, müssten wir einen Schritt zurücktreten und die Ergebnisse bestaunen, anstatt uns ständig einzumischen und nach unseren Maßstäben Bewertungen vorzunehmen. Und das waren nur meine Beobachtungen zum Spielen mit Objekten in sehr kleinem Rahmen. Spiele gibt es aber in allen möglichen Facetten und Konstellationen.

Jonne, der Hund meiner Kollegin Tina, unterscheidet zum Beispiel ganz genau, was er mit wem spielt. Während Tina für Laufspiele zuständig ist, ist ihr Mann sein Sparringspartner. Diese Rollen werden nie vertauscht. Aber das wirklich Interessante daran ist, dass Jonne zwar immer die Art des Spiels bestimmt (die Initiative geht von ihm aus), dabei aber genau so spielt, wie es sein jeweiliger Partner bevorzugt. Tina mag keine groben Spiele oder Rangeleien. Sie wird mit Objekten dazu animiert, ihm nachzulaufen, wobei er all sein Geschick und seine ausgeklügelten Taktiken dazu benutzt, das von ihm gewählte Objekt (z. B. ein Stofftier) nicht an sie zu verlieren. Genauso wenig körperbetont spielt er mit Hannes, dem kleinen, zarten Hund von Tinas Mutter. Es ist anzunehmen, dass auch dieser Grobheiten nicht schätzt. Mit Tinas Mann wird hingegen gerangelt, „gekämpft" und „Kräftemessen" gespielt. Unterschiede zwischen Hund und Mensch macht Jonne beim Spielen nicht, wohl aber zwischen „vertraut" und „fremd".

Ich finde es bemerkenswert, dass ein Hund scheinbar problemlos erkennen kann, welche Art zu spielen sein jeweiliger Spielpartner bevorzugt, wohingegen Menschen sich umgekehrt dabei offensichtlich sehr schwertun. Jonne bestimmt zwar die Art des Spiels, dessen Regeln und den Beginn, aber er hört sofort damit auf, wenn seine Partner es wünschen. Wir Menschen hingegen möchten alles bestimmen, den Ort, den Zeitpunkt, die Art, die Regeln, den Anfang und das Ende. Außerdem wollen wir entweder gewinnen oder das Gefühl haben, den anderen gönnerhaft gewinnen zu lassen. Miteinander zu spielen kann verbinden und Vertrauen schaffen. Allerdings nur, wenn dabei Gedanken an eventuelle Hierarchien außer Kraft gesetzt sind.

SPRECHEN

Das Bemühen um Gleichgewicht im gegenseitigen Verstehen der unterschiedlichen Sprachen von Hund und Mensch ist recht unausgewogen. Während Hunde nämlich lebenslang alles daran setzen, auch noch den kleinsten Wink unserer großen Zehe richtig zu interpretieren, sind wir recht faul und schwerfällig, wenn es darum geht, ihre Sprache richtig zu deuten. Es will vielen von uns einfach nicht gelingen, bei Hunden das Gesamtpaket zu betrachten. Wir picken uns Teile ihrer Aussagen heraus (bellen, knurren, wedeln, pinkeln) und interpretieren diese dann auf sehr eingeschränkte Weise und meist zu Ungunsten des Hundes. Zusätzlich hält sich hartnäckig das Gerücht, Hunde würden nur einzelne unserer Wörter verstehen, aber keine Sätze. Wir schließen aus unseren Fehlern also gleich auch auf Hunde und ihr Verständnis unserer Kommunikation. Diese eingeschränkte menschliche Sichtweise macht es auch so schwierig, Hunden zumindest auf halber Strecke entgegenzukommen. Natürlich kann man mit Hunden nicht über Abhandlungen aus der Astrophysik plaudern oder das aktuelle Weltgeschehen diskutieren. Umgekehrt können sie mit uns auch nicht ihre besten Nasenerlebnisse teilen oder über die Vorzüge, Unterwolle zu besitzen, referieren.

Was wir aber können, ist ihre Andersartigkeit annehmen und versuchen, einen gemeinsamen Nenner zu finden, der sich langsam von unserem Überlegenheitsgefühl und der damit zusammenhängenden Befehlskultur verabschieden sollte. Sehr häufig ist es ja noch so, dass alles, was der Hund tut, danach bewertet wird, ob es uns nützt oder ihm von uns beigebracht wurde. Unserer Kommunikation sind vielleicht sprachliche Grenzen gesetzt, nicht aber dem gegenseitigen Verstehenwollen und Verstehenkönnen. Wir unterschätzen Hunde bei Weitem, wenn wir ihnen nicht zutrauen, komplexere Zusammenhänge zu begreifen oder auch abstrakt zu denken. Nur weil sie keine menschlichen Reaktionen zeigen, sondern auf ihre Art (re)agieren, können wir manchen Beweis für ihr Verstehen nicht richtig deuten. Je enger und intensiver wir aber mit Hunden zusammenleben, desto mehr verschwimmen diese Grenzen. Je mehr wir mit Hunden sprechen, desto mehr verstehen sie auch. Je mehr wir erklären, desto geläufiger werden ihnen bisher unverständliche Dinge.

Umgekehrt ist es genauso. Wir werden umso besser darin, zuzuhören, je öfter wir das tun. Je öfter wir Hunde „ausreden“ lassen, desto mehr verstehen wir von den Zusammenhängen, die sie zu bestimmten Handlungen und Aussagen bewegen. Welche Dimensionen gegenseitiges Verstehen in ganz banalen Situationen erreichen kann, zeigt ein Beispiel meiner Kollegin Inga und ihres Hundes Pauli. Pauli schätzt es sehr, sich in Schneehaufen zu wälzen und Inga kommentiert das stets wortreich und vergnügt. Ein sich wälzender Pauli ist ja auch ein allerliebster Anblick. Als er nach einem Spaziergang bei Tauwetter einmal furchtbar schmutzig und voller Matsch war, deutete Inga auf einen der letzten Schneehaufen und bat Pauli, ohne das richtig ernst zu meinen, sich doch dort zu wälzen, um den Matsch aus dem Fell zu kriegen. Und Pauli tat, worum er gebeten wurde. Völlig verblüfft überschlug sich Inga fast vor Begeisterung und bewunderte ihren Hund sehr für dieses unerwartete Entgegenkommen. Anschließend erzählte sie mir davon, noch immer nicht sicher, ob das ein Zufall war oder er tatsächlich ihre Worte und das Handzeichen verstanden haben könnte. Auch ich wartete gespannt auf die Fortsetzung. Ewig zweifelnde Menschen … Natürlich hatte Pauli verstanden, denn sowohl am nächsten als auch am übernächsten

Tag (insgesamt sechsmal, bis der Schnee weg war) enterte Pauli auf Ingas Bitte hin den Schneehaufen und reinigte sein Fell selbstständig – ein klarer Fall von Angebot und Nachfrage!

Wir Menschen neigen dazu, die Kommunikation mit Hunden erst dann als geglückt oder erfolgreich anzusehen, wenn die Aufforderung dazu von uns gekommen ist, nicht aber, wenn der Hund uns etwas fragt, um etwas bittet oder etwas vorschlägt. Viele dieser Vorschläge übersehen wir wohl auch einfach, dabei zahlt es sich wie in Ingas Fall immer aus, alle Dinge wahrzunehmen, die der Hund von sich aus anbietet. Viele dieser Dinge haben nämlich neben dem Unterhaltungswert auch ganz praktische Auswirkungen auf unser Zusammenleben und werden wohl nicht wenigen Hunden über Umwege antrainiert. Ein passendes Beispiel dazu hat meine kleine Elfe erst vor ein paar Tagen beim Spaziergang geliefert. Als ich unterwegs nach einem Taschentuch kramte, fiel mir unbemerkt mein Feuerzeug aus der Jackentasche. Ich bemerkte das erst, als wir an unserem Zielgewässer eine kleine Pause machen wollten. Auf dem Rückweg bat ich meinen suchbegeisterten Eddie darum, „etwas zu suchen, das ich verloren hätte". Pflichtschuldig setzte er zur Suche an. Langsam und gründlich, wie er eben ist. Plötzlich startete Elfie los und kam triumphierend mit dem Feuerzeug zurück. Elfie sucht gern, Elfie trägt gern, aber ich hätte nie im Leben erwartet, dass sie aus Eddies Suchauftrag die richtigen Schlüsse zieht. Auf die Idee, sie auch miteinzubeziehen, war ich gar nicht gekommen, weil wir so etwas nie gespielt, geschweige denn geübt hatten. Ich kommentiere lediglich Handlungen, die die Hunde von sich aus zeigen. Eddie trägt und bringt nichts. Er hätte, wenn er das Feuerzeug gefunden hätte, mit der Nase darauf gedeutet und mich angeschaut, weswegen ich meine Aufmerksamkeit dabei ausschließlich auf ihn gerichtet hatte. Umso bemerkenswerter finde ich Elfies Verständnis meiner Worte. Natürlich habe ich beide in den Himmel gelobt. Ihn für den Willen, sie für die Tat und beide für ihr Dasein.

Mir wird ganz schwindlig, wenn ich an all die ungenutzten Chancen denke, auf die wir eigentlich mit der Nase gestoßen werden – welche Möglichkeiten zur Kommunikation Hunde uns anbieten. Wir aber ignorieren diese Möglichkeiten, tun sie eventuell sogar als Unarten ab oder beharren stur auf Ergebnissen, die wir durch Training erreichen wollen. Einzig das sogenannte „Freeshaping" geht ein wenig in diese Richtung. Aber nur ein wenig, denn bereits das „Einfangen" einer Absicht oder Bewegung mittels Marker und Futterbelohnung lässt uns vom Bewunderer gleich wieder zum Bewerter verkommen. Denn „richtig" und „falsch" sind, wenn sie ausschließlich von einer Person bestimmt werden, die Feinde jeder freiwilligen, wachstumsfähigen Beziehung.

Kapitel 7

Kommunikationsversuche versus Erziehungsambitionen

Ich glaube, dass wir in all dem alten und neuen Wissen über Hundeerziehung ein wenig das Gefühl der Verhältnismäßigkeit und den Blick auf das einzelne Individuum mit all seinen höchstpersönlichen Eigenschaften verloren haben. Wir sind entweder brutal ignorant, haben Angst vor der Machtübernahme durch feindliche Hundeinvasionen oder versuchen krampfhaft, jeden unvorhergesehenen Laut zu einem Problem zu machen, an dem dann ausführlich gearbeitet werden muss.

Einen Großteil unserer Erziehungsambitionen könnten wir uns getrost sparen, wenn wir Hunden ein wenig mehr zutrauen und ihnen die Freiheit lassen würden, erst einmal zu zeigen, was sie von sich aus anbieten. Es beginnt ja schon im Welpenalter. Welche Erwartungen so ein kleiner Hund am besten schon gestern erfüllt haben sollte, ist oft wirklich schwer zu ertragen, vor allem, wenn man weiß, dass die allermeisten Dinge wenig mit Erziehung, sondern viel mehr mit Entwicklung zu tun haben.

BEISPIEL STUBENREINHEIT

Absolut jeder einigermaßen seelisch und körperlich gesunde Hund trachtet ab seinem vierten Lebensmonat danach, seine Geschäfte draußen zu erledigen. Vorher „muss“ er einfach und „macht“ dann dorthin, wo es sich gerade anbietet oder am besten anfühlt. Ab dem vierten oder fünften Monat aber bekommen seine Hinterlassenschaften die zusätzliche Bedeutung von Botschaften und es hätte keinen Sinn, diese drinnen zu positionieren, wo niemand sie lesen kann. Außerdem versucht er ab jetzt, sein Nest, sein Zuhause sauber zu halten.

Die Erziehung zur Stubenreinheit ist Unfug und nimmt als solcher teilweise groteske Formen an. Da wird zum Beispiel auch nachts der Wecker gestellt, um den armen schlafenden Wurm mehrmals hinauszuzerren, damit sein (offenbar giftiger?) Urin keinesfalls die heiligen Böden des Hauses benetzt. Kleine Häufchen scheinen überhaupt den Untergang des Abendlandes heraufzubeschwören. Welpen werden in der für sie so wichtigen Zeit der sozialen Wärme in Boxen gesperrt, damit sie „melden", wenn sie „müssen". Melden – welch Euphemismus! Sie weinen in ihrer Not und Menschen finden es völlig normal, ein Baby zum Weinen zu bringen, weil es nicht in sein Bett/ Gefängnis pinkeln möchte. Und es gibt tatsächlich immer noch Leute, die den Welpen beschimpfen oder gar Schlimmeres, wenn er es wagt, seine Blase oder seinen Darm noch nicht unter Kontrolle zu haben.

Es gibt Welpen-Pinkel-Unterlagen, die gern angenommen werden und keinerlei Spuren am Boden hinterlassen. Es gibt alte Handtücher, die man für ein paar Wochen zweckentfremden und danach entsorgen kann. Zur Not gibt es auch noch Küchenpapier, das den Welpen allerdings gern zum Zerfetzen anregt. Hauptsächlich aber gibt es die Pflicht, das Hundekind im Auge zu behalten, und wenn man es ein wenig beobachtet, merkt man schnell, wann es unruhig wird und kann es dann rausbringen. Ganz sicher aber muss ein Welpe nach dem Aufwachen, nach dem Spielen und einige Minuten nach dem Essen raus. Was zwischendurch sonst noch passiert, wischt man kommentarlos weg und in kürzester Zeit findet der Welpe deutlichere Hinweise, wenn er gedenkt, sich gleich zu erleichtern. Diese Hinweise können Blicke zur Tür sein oder leises Fiepen, manche gehen auch zur Tür, manche kratzen daran. Andere drehen sich schnüffelnd im Kreis oder schauen dem Menschen direkt ins Gesicht. Je intensiver der Kommunikation erlaubt wird sich zu entwickeln, desto leichter sind diese Zeichen zu deuten.

Am leichtesten hat man es nachts, wenn der Welpe im Bett schlafen darf und eine sogenannte Dackeltreppe ihm den Weg hinaus oder hinein ermöglicht. In der Nähe des Bettes platzierte Welpenunterlagen oder Handtücher – und schon muss man nicht mehr in Hektik verfallen. Ich habe immer davon abgesehen, in der Nacht mit meinen Welpen rauszugehen. Dann sind sie nämlich wach und es dauert eine Weile, bis sie wieder einschlafen können, was auf Dauer ganz schön an den Nerven zehren kann. Das habe ich mir immer gern erspart und alle meine

Hunde sind wirklich sehr schnell stubenrein geworden. Ein paar Stunden ungestörter Schlaf machen nämlich sehr viel entspannter als ein in Rekordzeit „trainierter" Welpe. Ein entspanntes Genießen dieser ersten gemeinsamen Zeit ist aber eigentlich das Wichtigste dabei.

Kann oder will der Welpe aus irgendeinem Grund nicht im Bett schlafen, sollte sein Körbchen zumindest neben dem Bett stehen. Der Effekt ist dann der gleiche. Je weniger Theater man um dieses Thema macht, desto schneller ist es Geschichte. Mittlerweile bin ich übrigens sogar der Meinung, dass man unter gewissen Umständen ein Hunde-Indoor-Klo beibehalten sollte. Meine Border Terrier Hündin Shanta hat mich das gelehrt. Shanta war als ehemaliger Zwingerhund in Rekordzeit stubenrein. Sie hatte in reiner Außenzwingerhaltung bei einem Jäger gelebt. Zu jedem Zwinger gehörte auch ein schmaler Grasstreifen und alle Hunde trachteten peinlich genau danach, ihren betonierten Wohnbereich nicht zu verschmutzen. Für Shanta war klar: „Geschäfte" gehören ausschließlich auf Gras gemacht. Das war recht praktisch für mich, bis ich den ersten Jahreswechsel mit ihr verbrachte. Shanta hatte panische Angst vor sämtlichen Silvesterkrachern und weigerte sich standhaft, das Haus zu verlassen. Nachdem bei uns schon Wochen vorher und noch Tage danach geschossen wird, kann man sich leicht vorstellen, wie schrecklich diese Zeit immer für uns war. Zwei ganze Tage ohne zu pinkeln waren Standard und für Shanta sicher die Hölle. Für mich ebenfalls, weil ich vor Zorn über die Kracher und Sorge um meinen Hund kaum zur Ruhe kam. Im Haus zu pinkeln war ihr schlicht unmöglich. Seither gibt es bei uns einen Platz, der mit Welpen-Pads ausgelegt ist und alle Hunde, die nach Shanta bei uns einzogen sind, konnten und können ihn bei Bedarf benutzen.

BEISPIEL HUNDEBEGEGNUNGEN

Die drei Hunde, mit denen ich derzeit lebe, haben ganz unterschiedliche Erfahrungen gemacht (teilweise in der Zeit vor mir) und gehen dementsprechend unterschiedlich mit Hundebegegnungen um. Alle drei bellen bei Hundesichtung, aber jeder von ihnen trifft eine andere Aussage. Dass ich mit meiner Annahme richtig liege, bekomme ich täglich von den Hunden bewiesen, die wir treffen. Kaum ein Hund versteht uns nämlich falsch und fast jeder reagiert, sofern er die Zeit dazu bekommt, völlig angemessen auf die unterschiedlichen Aussagen.

Ich glaube, genau darin liegt auch das Hauptübel, weshalb so viele Hundebegegnungen (scheinbar) problematisch verlaufen. Menschen entscheiden für Hunde, obwohl sie gar nicht verstehen, was eigentlich gesprochen wird. Zusätzlich wird Hunden meist keine Zeit gegeben, sich miteinander zu arrangieren. Meine Dackel tragen ihr Herz auf der Zunge, aber es gibt viele bedeutend unauffälligere Signale, mit denen Hunde ausdrücken, was sie gerade fühlen. Was Hunde immer brauchen, um konfliktarm miteinander umzugehen, ist Abstand und Zeit. Der eine mehr, der andere weniger.

Wenn fremde Hunde einander begegnen, gehen sie nach Protokoll vor, beziehungsweise würden sie das gern tun. Es gibt Hunde, denen dieses Protokoll sehr wichtig ist, andere nehmen es lockerer und manche möchten einfach nur in Ruhe gelassen werden. Dieses Protokoll ist reine Hundesache, Menschen verstehen nur sehr bedingt etwas davon. Dennoch mischen sie sich ständig ein und versuchen Hunden zu erklären, wie sie sich zu verhalten hätten.

Als ich vor einiger Zeit einmal mit einem meiner Hunde allein unterwegs war, trafen wir einen Mann mit seiner Dackelhündin, die ebenfalls bei Hundesichtung bellen musste. Wir blieben in relativ großem Abstand zueinander stehen (ich habe mittlerweile ansatzweise begriffen, wie das Protokoll aus Dackelsicht funktioniert), die Hunde drehten sich ein wenig voneinander weg und hörten auf zu bellen. Dann näherten sie sich in Bögen an und blieben wieder stehen. Die Steifheit der Bewegungen nahm ab und Eddie begann zaghaft, freundlich zu wedeln. Die Dackeldame ebenfalls. Weitere Annäherung, kurzes Schnüffeln, eine leichte (Spiel)Verbeugung, ein kurzer Blick zurück und wir konnten weitergehen. Eddie hätte gern mehr Zeit mit der Dame verbracht, aber sie hatte genug, was klaglos akzeptiert wurde. Der Mann und ich grüßten ebenfalls und gingen unserer Wege. Zum Abschied bedankte er sich noch bei mir, weil diese Begegnung für seine Hündin so erfreulich verlaufen war. „Die Leute haben einfach keine Geduld mehr“, sagte er, „aber meine Hündin braucht Zeit für Höflichkeit.“ Diesen Worten kann ich mich nur anschließen.

Hunde werden von uns durch kurz gehaltene Leinen, stures Aufeinanderzugehen usw. sehr häufig zur Unhöflichkeit gezwungen und die Ergebnisse versuchen wir ihnen dann wieder abzuerziehen, anstatt von vornherein auf ihre Wünsche zu achten. Begegnungen mit fremden Artgenossen sind für viele Hunde eine große Sache. Hunde, die in der Stadt aufgewachsen sind und (ehemalige) Straßenhunde haben dabei – genau wie Menschen, die in der Stadt leben – einen klaren Vorteil. Sie sind daran gewöhnt, dass es viele unterschiedliche Erscheinungsformen der eigenen Spezies und wenig Platz für alle gibt. Toleranz fällt ihnen deshalb leichter.

Hunde und Menschen, die auf dem Land leben, machen nur eine begrenzte Anzahl an Bekanntschaften, können diese aber in aller Ruhe intensivieren oder ihnen relativ leicht aus dem Weg gehen. Die schwierigste Aufgabe in dieser Hinsicht haben Hunde und Menschen zu bewältigen, die am Stadtrand leben. Sie sollen mit einer großen Anzahl an unterschiedlichen Individuen zurechtkommen, haben aber weder die Gelegenheit, alle in Ruhe kennenzulernen, noch Platz genug, ihnen wie auf dem Land dauerhaft auszuweichen. Auch die Möglichkeit eine Form von gelassener Gleichgültigkeit zu entwickeln, wie sie Stadtbewohnern allein durch die örtlichen Gegebenheiten praktisch aufgezwungen wird, ist ihnen verwehrt. Das ist natürlich sehr oberflächlich dargestellt und selbstverständlich bilden Hunde, die nicht als Welpen in das jeweilige Umfeld gekommen sind, nochmal eine eigene Gruppe, aber im Großen und Ganzen haben es Hunde und Menschen mit diesen Lebenssituationen zu tun. Was ich damit zum Ausdruck bringen möchte, ist, dass schon allein der Wohnort unterschiedliche Ansprüche an Hundebegegnungen stellt und individuelle Erfahrungen auch eine große Rolle spielen. Ganz abgesehen von den unterschiedlichen Körper-, Ohr- und Fellformen, teilweise kaum erkennbarer Mimik und fehlenden Ruten. Mit all diesen verschiedenen Körperdialekten müssen Hunde zusätzlich zurechtkommen – und das in der kurzen Zeit, die ihnen die menschliche Eile gewährt.

Ist es wirklich zu viel verlangt, ihre Wünsche herauszufinden und zu berücksichtigen, statt darauf zu beharren, das durchzusetzen, was wir uns unter Hundebegegnungen vorstellen? Hunde sollen andere Hunde wahlweise ignorieren, mit ihnen spielen, nur kurz „Hallo“ sagen, in geringem Abstand zueinander warten, wenn ihre Menschen tratschen möchten oder sich gefälligst miteinander anfreunden, wenn künftige gemeinsame Spaziergänge geplant werden. All das sollen sie aber auf jeden Fall schweigend tun. Geschieht das nicht so, wie Mensch das möchte, wird der Hund erzogen. Egal, welche Gründe er für sein Verhalten hat.

Natürlich kann und soll man Hunden helfen, die sich in Gesellschaft anderer Hunde unwohl fühlen. Dafür braucht es aber keine Erziehung, sondern Einfühlungsvermögen. Ein Hund, der gelernt hat, am Wegrand sitzend andere Hunde stumm passieren zu lassen, hat eben genau das gelernt. Sitzen und still sein. Mit seinen eigenen Wünschen hat das aber nichts zu tun. Er hat im besten Fall gelernt, was er anstelle seiner eigenen Strategie machen könnte und im schlechtesten, dass er machtlos ist. Hunde haben aber so viele unterschiedliche Beweggründe, auf diese oder jene Art auf andere Hunde zu reagieren, dass wir unmöglich mit einer einzigen Strategie all diesen Gründen gerecht werden können. Wobei Sitzen-und-Schauen durchaus auch eine Bewältigungsstrategie sein kann, die vom Hund selbst angeboten wird. Tinas Jonne ist so ein Hund. Nachdem seine Art der Bewältigung aber immer respektiert und unterstützt wurde, ist er ein Wunder an Verlässlichkeit im Umgang mit Artgenossen geworden. Tina wird oft bestaunt oder belächelt, wenn sie geduldig wartet, bis Jonne seine Betrachtungen abgeschlossen hat, aber die Richtigkeit seiner Entscheidungen geben ihr zweifelsfrei recht.

Kommt man mit eigenen Ideen nicht weiter, kann man sich auch professionell helfen lassen. Unter anderem mit gut durchgeführten Social Walks. Beim Social Walk geht es darum, dass ein Hund, der zum Beispiel Probleme mit Artgenossen hat, unter fachkundiger Anleitung mit auf einen Spaziergang mit anderen Hunden genommen wird, ohne dass er dabei überfordert wird. Das Einhalten der richtigen Distanz, die dieser Hund braucht, um ruhig bleiben zu können, sehr viel Einfühlungsvermögen, welche anderen Hunde mitgenommen werden und wie lange dieser Spaziergang überhaupt dauern soll und in welchem Umfeld er stattfindet sind entscheidend, damit er auch wirklich Vorteile für den zu trainierenden Hund bringt.

Ein gut organisierter Social Walk kann unterschiedliche Zielsetzungen haben, die mit ebenso unterschiedlichen Anleitungen erreicht werden. Eine Möglichkeit ist die Förderung gemeinsamer Interessen von Hund und Halter, wie zum Beispiel das Untersuchen von Tierspuren. Meine Kollegin Marlen in der Schweiz und meine Kollegin Sandra in Niederösterreich haben mir unabhängig voneinander von ihren jüngsten Erfolgen in dieser Hinsicht berichtet. Marlen begleitete eine Gruppe von vier unterschiedlichen Jagdhunden, die sich allesamt nicht ungezwungen in der Gegenwart anderer Hunde bewegen konnten. Also begab sie sich mit ihnen auf Spurensuche. Etwas, worauf sich alle Hunde einlassen konnten. Dadurch hatten sie ein gemeinsames Thema und konnten sich praktisch über Umwege davon überzeugen, dass andere Hunde – natürlich in ausreichender Distanz – gar nicht so übel sind und auch nützliche Ideen haben können. Den Hunden wurde erlaubt, dort zu schnüffeln, wo zuvor ein anderer interessiert geschnüffelt hatte. Setzte ein Hund eine Markierung, durften die anderen dort ebenfalls markieren, wenn sie das wollten. Außerdem wurde allen Hunden viel Zeit gegeben, das Tun der jeweils anderen zu beobachten.

In die gleiche Richtung läuft Sandras Umgang mit einer Kundenhündin, die sehr ablehnend und aggressiv auf andere Hunde reagierte. So, als hätte sie die gemeinsame Sprache verlernt. Auch Sandra nutzte Tierspuren, die sie gemeinsam mit der Kundenhündin und ihrer eigenen Hündin Bobby in anfangs großem Abstand zueinander untersuchte, um gemeinsame Interessen hervorzuheben. Durch die ruhigen Bewegungen und die durch das Schnüffeln gesenkten Köpfe entstand sehr bald ein Vertrauensverhältnis, das schließlich in zarter Zuneigung endete. Die Hündin hatte wieder Zugang zu einer Artgenossin gefunden und gelernt, dass Kommunikation nicht nur auf distanzfordernde Signale beschränkt sein muss. Die Erleichterung darüber stand ihr deutlich ins Gesicht geschrieben.

Die Rolle des hundebegleitenden Menschen wird ohnehin viel zu oft vernachlässigt. Hunde sind ja praktisch ständig „Doppelbegegnungen“ ausgesetzt. Meine Kollegin Moni hat zum Beispiel im Lauf der Zeit herausgefunden, dass ihr Hund Vicko seine Reaktionen auf andere Hunde sehr stark vom Verhalten des dazugehörigen Menschen abhängig macht. Ist dieser Mensch freundlich, besonnen oder defensiv, ist Vicko das auch. Geht er hingegen grob oder unfreundlich mit seinem Hund um und verhält sich generell offensiv, muss Vicko sein Unbehagen deutlich kundtun.

Wie gut Hunde stressige Situationen selbst auflösen können, wenn ihnen die Zeit dafür gegeben wird und Menschen nicht um jeden Preis ihren Willen durchsetzen wollen, habe ich erst heute wieder erlebt. Meine Hunde lieben unsere Nachbarin Nina und deren Hündin Elli sehr. Wenn wir die beiden beim Spazierengehen treffen, wird's kurz recht wuselig und wild. Elli toleriert das bei der Begrüßung, möchte aber, dass dann recht schnell Ruhe einkehrt. Das ist ihr deutlich anzusehen. Heute hat sie ein richtiges Lehrstück abgeliefert, nachdem ihr das Elfenkind in überschäumender Begeisterung bereits zum dritten Mal ins Gesicht gesprungen war. Elli ging ein Stück zur Seite und beschäftigte sich ausführlich mit der uns umgebenden Wiese. Sie scharrte ein wenig, roch dann an der aufgewühlten Erde, rupfte ein paar Grashalme aus, schnüffelte interessiert an einigen Stellen und all das tat sie betont langsam und intensiv. Der Erfolg stellte sich bereits nach wenigen Sekunden ein. Alle Hunde machten es ihr nämlich umgehend nach. Wir hätten wohl eine Stunde tratschen können, so versunken waren die Hunde in ihrer gemeinsamen Tätigkeit. Ein Segen für uns alle! Besser hätten wir Menschen das niemals hinbekommen, mit allen Erziehungsmethoden der Welt nicht!

So funktioniert das nämlich bei sozialen Wesen. Jemand macht einen Vorschlag. Dieser wird überprüft, für gut befunden und gemeinsam umgesetzt. Leider bekommen die meisten Hunde gar nicht so viel Zeit, um überhaupt Vorschläge anbieten zu können.

BEISPIEL KOMMUNIKATION

Wieviel an vermeintlich nötiger Erziehung allein durch ehrliche, wohlwollende, selbstverständliche Kommunikation völlig überflüssig wäre! Als ich einmal im Rahmen eines Seminars bei Clarissa von Reinhardt zu Besuch war, gingen wir durch das Gebäude nach oben zu ihren Wohnräumen. Am oberen Ende der Treppe erwarteten ihre Hunde uns hinter einem Absperrgitter. Mindestens vier davon wollten wissen, wen sie da wohl mitgebracht hatte. Clarissa sagte ganz nebenbei, als würde sie mit Menschen sprechen: „Leute! Leute, geht doch mal zur Seite, bitte!“ Ich musste sehr entzückt in mich hineingrinsen, denn genau das meine ich mit „selbstverständlicher Kommunikation“. Natürlich haben die Hunde darauf reagiert und uns ein wenig Platz gemacht. Kein Hund braucht Kommandos! Hunde, mit denen ständig normal gesprochen wird, verstehen uns auch so.

Umgekehrt ist es genauso. Hunde sprechen „normal" mit uns und wir sind in der Lage, sie zu verstehen. Dafür gibt es hunderte Beispiele. Ein besonders schönes liefern Sandra und ihr Hund Vito. Sandra hat mir dazu ein Mail geschickt. Auszüge daraus möchte ich Ihnen nicht vorenthalten:

„... Vito bellt sehr selten. Er hat aber eine ausgeprägte Mimik und ein breites Repertoire an Blicken und Geräuschen. Sein meist genutztes Geräusch ist ein kurzes „mfpt", das sich ähnlich wie Niesen anhört. Unwissende wünschen ihm dann schon mal „Gesundheit". Dieses Geräusch verwendet er vielfältig. Von „Du bist zu langsam!" bis „Ich möchte einen Keks!" hat es jeweils unterschiedliche Bedeutungen. Außerdem wird es unterstützend verwendet, um die erhöhte Dringlichkeit eines Begehrens auszudrücken. Wenn Vito zum Beispiel aus dem Fenster schauen möchte, stellt er sich zuerst vor das Fenster und startet mit Blicken, die sagen: „Hebe mich hoch!" Wenn man dann nicht schnell genug reagieren kann, kommt ein „mpft" mit Blick zum Fenster, das sagt dann schon: „Nun aber schnell!" Auch ich habe ein Zeichen, mit dem ich Vito frage, ob er hochgehoben werden möchte. Das ist sehr praktisch, wir haben es nie geübt, es hat sich aus der Routine ergeben. So weiß ich, ob „ja" oder „nein". Je nachdem, wie er reagiert. Manchmal nimmt er die Einladung an und manchmal nicht. Hätten wir das trainiert, würde er immer nur „das Programm" abspulen. Ob das wirklich seine Meinung oder sein Wunsch wäre, würde man gar nicht erkennen."

Sandra berichtet auch noch von unterschiedlichen Gesichtsausdrücken, die in Kombination mit unterschiedlichen Geräuschen oder Bewegungen sogar für hundelose Fremde leicht zu verstehen sind. Sie erzählt von einem „Po-Hüpfer" bei allerhöchster Dringlichkeit, von breitem Lächeln bei guten Gefühlen und von seiner Pfote, mit der er um etwas bitten, jemanden trösten oder Hinweise durch Antippen geben kann. Es sei wie bei einem alten Ehepaar, schreibt sie und ich kann das sehr gut nachvollziehen.

Ich denke, jeder von uns hat diese Art der gewachsenen Kommunikation schon selbst erlebt oder bei anderen (Hunde-)Menschen gesehen. Mir kommt dabei

außer meinen eigenen Erfahrungen auch immer umgehend ein alter Mann mit seinem alten Labrador in den Sinn. Die beiden habe ich sehr oft beim Spazierengehen getroffen und sie haben mich jedes Mal sehr berührt. Beide schon ein wenig schlecht zu Fuß, in Freundschaft zueinander ergraut und sehr aufeinander achtend. Sie gingen einträchtig nebeneinanderher und warteten geduldig auf den jeweils anderen, wenn einer von ihnen eine kurze Pause brauchte oder etwas Interessantes eingehender betrachten musste. Ihr Ziel war immer der gleiche umgefallene Baum, auf dem sie sich niederließen und gemeinsam je einen Apfel und ein Butterbrot aßen. Danach standen sie ächzend auf und gingen wieder nach Hause. Während dieser täglichen Picknick-Routine streichelte der Mann seinen Hund und erzählte ihm mit leiser Stimme von allen möglichen Gedanken, die er sich so machte. Er berichtete, dass der Kuckuck schon brüte, der Wasserstand ihm Sorgen bereite oder Termiten ihren Picknickplatz heimgesucht hätten. Der Hund hörte ihm dabei aufmerksam zu, kniff ab und zu die Augen zusammen und wiegte seinen Kopf in gedankenverlorener Zustimmung. Wenn er der Meinung war, genug gehört zu haben, stand er auf, drehte sich zu seinem menschlichen Freund um und schlug vor, aufzubrechen. „Ja, na dann gemma wieder heim.", war stets die seufzende Antwort und die beiden machten sich auf den Weg.

Wie gern würde ich diese Bilder in die Köpfe derer pflanzen, die den Wert einer solchen Freundschaft noch immer nicht erkannt haben und über Erziehung Verbundenheit erreichen wollen. Ehrliche Kommunikation funktioniert aber nicht nur bei Hunden! Ich habe schon öfter von meinen eigenen Erlebnissen mit Wildschweinen und Schwänen erzählt, die großzügig und mitfühlend auf meine der Hilflosigkeit geschuldeten Beschwichtigungsgesten reagiert haben und mich samt meinen Hunden unter gestammelten Entschuldigungen unbeschadet weiterziehen ließen. Und auch mit den bei uns ansässigen Krähen verbindet mich eine bereits Jahrzehnte andauernde Freundschaft, die offenbar von (Krähen-)Generation zu Generation weitererzählt wird. Krähen begleiten uns fliegend und hopsend, besonders freche Jungkrähen zupfen mich auch an den Haaren und die Hunde an den Schwänzen. Krähen haben Humor! Sie kennen unsere Gassigehzeiten und sie wissen, wo wir wohnen. Jedes Jahr werden mir die Jungvögel vorgestellt – und ich ihnen! Sie begleiten mich zum Auto und das einfach aus Interesse, denn Futter wollen sie auf den engen Wegen unserer Siedlung aus Katzenvorsicht gar nicht annehmen.

Sie verstehen, wenn ich sie bitte zu warten, weil ich zum Beispiel gerade mit den Hunden im Garten ein Kekssuchspiel mache. Zu diesem Zweck lassen sie sich auf den umliegenden Bäumen nieder und warten geduldig, bis ich „jetzt geht's" rufe und sie mittels dazugehöriger Geste dazu einlade, die für sie vorbereiteten Kekse abzuholen. Genauso gut verstehen sie auch mein „Kommt's mit!", wenn ich beim Spaziergang etwas entdecke, von dem ich annehme, dass es für Krähen von Interesse ist. Krähen haben noch jedem meiner Hunde beigebracht, dass es sinnlos ist, ihnen nachzulaufen und jeder meiner Hunde hat akzeptiert, dass Hundekekse auch Krähen schmecken. Kekse werden außerhalb unseres Gartens in friedlicher Eintracht nebeneinander verzehrt. Ich habe niemals den Eindruck, Krähen „zu füttern". Die Krähen bitten um Kekse und ich gebe ihnen welche. Das ist ein großer Unterschied!

Abgesehen von ihren offensichtlichen Bitten, kann ich inzwischen auch einige ihrer Rufe zuordnen. Krähen haben recht streng abgegrenzte „Futterreviere", derer ich einige auf unseren Spaziergängen durchquere. Auf diesen (bei uns) vielleicht 20 bis 30 Meter breiten Streifen werden die unterschiedlichen Familienmitglieder gerufen, je nachdem, wo ich mich gerade befinde, und familienfremde Krähen beschimpft und vertrieben. Ich verstehe diese Unterschiede mittlerweile blind und gehe oft ein paar Meter zurück, um Krähen, die auf ihrem Streifen leer ausgegangen sind, nicht in die Situation zu bringen, attackiert zu werden. Ich kann recht deutlich unterscheiden, wenn „Sie kommt, sie kommt!" gerufen wird und hinter mir dann Konflikte entstehen, weil ich die Grenzen nicht beachtet habe.

Aber nicht nur ich bin in der Lage mit Krähen zu kommunizieren, auch meine Hunde können das. Wenn sie bereit sind, ihre Kekse zu teilen, drücken sie das körpersprachlich aus, indem sie demonstrativ wegschauen und weiterknabbern, wenn Krähen angesegelt oder angehopst kommen. Man kann auch deutlich sehen, ob die Krähen entspannt vor sich hin picken oder auf der Hut sind. Für mich ein Paradebeispiel für zwischenartliche Kommunikation.

Eine weitere Variante der Zusammenarbeit hat meine Hündin Vivi entwickelt. Unser Garten wird oft von Katzen besucht. Nicht immer zu meiner Freude, weil ich dabei oft um hilflose Jungvögel aller Arten bangen muss. Außerdem finden meine Hunde Fremdkatzenbesuch empörend und tun das auch lautstark kund. Genau wie unsere Krähen! Nähert sich eine Katze, wird das umgehend durch Warnrufe gemeldet. Vivi hat das vollkommen durchschaut und reagiert sogar aus dem Tiefschlaf auf diese Rufe. Sie rast dann zur Terrassentür und ruft ebenfalls: „Katze! Katze! Katze!" Ich glaube, dass auch die Krähen den Vorteil dieser Symbiose erkannt haben, denn wenn meine Hunde bellen, nehmen besuchswillige Katzen von ihrem Vorhaben Abstand. Es würde mich sehr interessieren, ob noch andere diese Beobachtungen gemacht haben oder ob das eine zufällig bei uns entstandene Zusammenarbeit ist.

Meine Theorie, dass freundschaftliche, ehrliche Kommunikation zwischen allen intelligenten, sozialen Lebewesen möglich ist und in den meisten Fällen „Erziehung" überflüssig macht, hat meine beste Freundin Dani schon bestätigt, bevor ich überhaupt über solche Dinge nachgedacht habe. Vor vielen Jahren hatte sie ein Pferd namens Milord. Pferde sind ja in Bezug auf Erziehung bei bestimmten Menschen fast noch ärmer dran als Hunde. Auch Milord hatte da wohl schon seine Erfahrungen gemacht, bevor er bei meiner Freundin landete. Er stammte nämlich aus Tschechien und wurde dort bei den berüchtigten Rennen von Pardubice eingesetzt, dem tschechischen Steeplechase. Vor Menschen hatte er panische Angst, was ihm gleich beim Ausladen vom Anhänger durch einen wenig einfühlsamen Mann zum Verhängnis wurde. Er verletzte sich dabei schwer und es war monatelang nicht denkbar, ihn zu reiten. Meine Freundin kaufte ihn daraufhin seinem eigentlich geplanten Besitzer kurzerhand ab, weil sie sein Schicksal und seine hilfesuchende Verlorenheit einfach nicht ertragen konnte.

Danis Herz schlägt für die Versehrten, für die Verwundeten an Körper und Seele und so wendete sich Milords Leben um 180 Grad. Sie ging nämlich täglich mit ihm spazieren, ohne etwas zu fordern außer Gemeinsamkeit. Etwas, das ein Lebewesen, dessen einziger Zweck bisher das Funktionieren ohne Rücksicht auf Verluste war, eindeutig noch nicht kennengelernt hatte. Während dieser Spaziergänge redete sie mit ihm. Erklärte ihm, was er sah, was bestimmte Vorgänge bedeuteten und er begann ihr zu vertrauen. Seine Wunden heilten langsam, aber stetig. Milord war sehr schreckhaft, wenn vor ihm auf dem Weg unbekannte Objekte lagen. Dani achtete darauf, was er sah und räumte die Objekte unter Erklärungen für ihn zur Seite. Mit der Zeit begann er sich auf sie und ihre Worte zu verlassen. Auf ihr „Pass auf!" konnte er bald das angstmachende Ding betrachten, beschnüffeln und damit abschließen.

Auf dem Reiterhof, wo Milord untergebracht war, gab es große Weiden, von denen die Pferde abgeholt werden mussten, wenn ihre Reiter Lust auf einen Ausritt hatten. Die Menschen standen also dort herum und versuchten, ihre Pferde mit Futter anzulocken. Oft mit eher mäßigem Erfolg. Meine Freundin hingegen rief immer nur kurz Milords Namen und schon kam er angetrabt, weil er ganz genau wusste, dass ihre Anwesenheit ihm ausschließlich angenehme Erlebnisse bescheren würde.

Milord galt in Reiterkreisen als „unerzogenes" Pferd, weil Dani, als sie ihn schließlich reiten konnte, immer auf seine Bitten und Ängste achtete und nichts forderte, von dem er ihr signalisierte, dass er das nicht bewältigen konnte. Wollte er eine schmale Brücke nicht überqueren, stieg sie ab und ging mit ihm gemeinsam zu Fuß darüber, wollte er allein nicht in einen Anhänger gehen, ging sie mit hinein. Wollte er eine Hürde nicht überspringen, dann musste er das nicht. Nie versuchte sie, ihn dazu zu überreden. Seine Gründe glaubte sie ihm und vertraute ihm genauso wie er ihr. In der damaligen Zeit, als der einzige Rat, den sie von erfahrenen Reitern und Reitlehrern bekam, „hau drauf" war, stellte das eine gewaltige Rebellion dar. Sie beschützte ihn, sprach mit ihm, hörte auf ihn und verstand ihn. Und genau das war es auch, was er brauchte. Was eigentlich jedes Lebewesen braucht!

Zur Erinnerung an den misshandelten, stolzen, sensiblen Milord, der seine begründeten Vorbehalte Menschen gegenüber zu Danis Gunsten über Bord geworfen hat, hat sie keine Pokale oder sonstige Trophäen, die gelungene Erziehung beweisen würden, aber sie hat etwas viel Besseres bekommen: Die Gewissheit ewiger Verbundenheit, die man nicht erzwingen kann, sondern nur geschenkt bekommt, wenn man sich ohne Herrschaftsanspruch reinen Herzens um die Freundschaft eines Tieres bemüht.

Der Apfel fällt nicht weit vom Stamm, denn vor Kurzem hat auch Danis Tochter, mein Patenkind Valentina, bewiesen, dass ehrliche, wohlwollende Kommunikation sogar mit einem etwas exotischeren Tier funktioniert. Valentina arbeitet bei einem Projekt mit, das als tiergestützte Therapie Spaziergänge mit Alpakas anbietet. Eines der Alpakas, die sonst sehr freundliche Marie, konnte diese Spaziergänge nicht richtig genießen. Sie war unruhig und zappelig und schien sich ständig um die anderen drei Alpakas zu sorgen. Marie lief vor und zurück und konnte nicht zur Ruhe kommen. Tiergestützte Therapie soll aber nie zu Lasten der unterstützenden Tiere stattfinden, deshalb suchte Valentina nach einer Lösung.

Sie blieb so nah bei Marie, wie diese das wollte, redete mit ihr, ließ sich die beunruhigenden Dinge zeigen. Sie versuchte, langsam zu gehen, damit die Alpaka-Dame in Ruhe die Umgebung erkunden konnte, blieb stehen, so lange sie eben dafür brauchte, lobte und bewunderte sie für jede Interessensbekundung an der Umwelt und zeigte ihr, dass sich Dinge auch ausschließlich um Maries Wünsche drehen können und nicht nur um die der anderen. Und siehe da, es funktioniert auch bei Alpakas, Marie wurde ruhiger. Bedürfnisse erkennen, Wünsche respektieren, Verständnis signalisieren und die Persönlichkeit bewundern.

Mit anderen Arten zu kommunizieren, ist uns allen in die Wiege gelegt. Jedes kleine Kind nimmt auf völlig unvoreingenommene Weise Kontakt zu Tieren auf – bis sich jemand einmischt und diese natürliche Verbindung zerstört. Erinnern wir uns an unsere natürliche Fähigkeit, uns in ein anderes Lebewesen hineinzuversetzen, es als Persönlichkeit zu respektieren und ernst zu nehmen, kommen wir in unserem Verständnis Tieren gegenüber wesentlich weiter als mit „Erziehung".

BEISPIEL HUNDEFRAGEN

Ich habe einmal in einem Blogbeitrag geschrieben, dass mir rote Ampeln nicht guttun. Da habe ich nämlich die Gelegenheit, Hunde und ihre Menschen zu beobachten. Der Blogbeitrag damals war eine aktuelle Momentaufnahme, aber ich könnte ihn täglich um mindestens zwanzig weitere Beobachtungen ergänzen, die mir echt in der Seele wehtun. Es gibt auch so manche erfreuliche Erkenntnis, aber zum Großteil zeigen mir diese zufälligen Begegnungen, dass wir wohl noch einen weiten Weg vor uns haben. Am meisten schmerzen mich dabei die vielen,

vielen unbeantworteten Hundefragen. Es berührt und bedrückt mich, wie hoffnungsvoll diese Fragen gestellt und kaum jemals beantwortet, geschweige denn überhaupt wahrgenommen werden. Auch nicht von Menschen, denen ich anhand der Ausstattung des Hundes ansehe, dass sie sich wohl mit seinen Bedürfnissen beschäftigt haben müssen und es grundsätzlich gut meinen.

■ Ein kleiner, rotbrauner Mischling mit Brustgeschirr und ordentlich aufgewickelter Schleppleine geht neben seinem Menschen her, sucht immer wieder dessen Blick. Nicht ein einziges Mal wird dieser Blick erwidert. Die Frage „Mache ich das richtig? Ist es das, was ich tun soll?“, ist so deutlich zu fühlen, dass ich ihm laut geantwortet habe. Sinnlos bei geschlossenem Autofenster, aber unmöglich es nicht zu tun.

■ Zwei Menschen unterhalten sich am Rande einer Grünfläche miteinander. Neben ihnen ein großer, schöner, schon etwas älterer Colliemischling. Der Hund lauscht dem Gespräch interessiert und höflich. Manchmal versucht er, etwas zu der Unterhaltung beizutragen. Er hebt den Kopf, wedelt und schaut seinen Menschen dabei erwartungsvoll an. Keine Reaktion. Er setzt sich, schaut in die Ferne und bemerkt ein sich näherndes seltsames Gebilde. Fragender Blick in Richtung Mensch. „Das ist nur ein Lastenrad“, murmel ich. Das Rad kommt näher, die Frage wird dringlicher. Keine Antwort. Der Hund steht auf: „Wuff?!??“ Er versucht mit gesenkter Rute und gebogenem Körper dem Rad auszuweichen. Dabei spannt sich die Leine: „SITZ!“ Es ist zum Heulen …

■ Eine andere Grünfläche. Ein junger Border Collie mit Halsband und kurzer Leine. Ihm ist die offene Fläche im Anschluss an die schützenden Hausmauern offensichtlich unheimlich. Er bekommt einen gehetzten Blick, wird flacher und möchte deutlich schnell weg. Schickt viele Blick-Fragen an seinen jungen Halter. Dieser starrt aber auf sein Handy und zerrt den Hund weiter. An der nächsten Häuserfront angekommen, entspannt er sich sichtlich. Ebenfalls unbemerkt von seinem Menschen.

■ Ein junger, schlanker Labradorrüde versucht, seine Schritte an die seines stramm marschierenden Menschen anzupassen. Das ist gar nicht so leicht, denn seine Halterin legt wirklich ein ordentliches Tempo vor, das es dem Hund sehr schwer macht, seine schlaksigen Beine zu koordinieren. Laufen wäre zu schnell, aber Gehen zu langsam. Mehrfach bittet er um Kontaktaufnahme. Schließlich stolpert er und bekommt einen Leinenruck verpasst. Verwirrt schaut er hoch und möchte wissen, ob das ein Versehen war oder er etwas falsch gemacht hat. Keine Information. Er wird langsamer und bietet höfliches Schnüffeln an, um Tempo rauszunehmen, was ihm einen weiteren Leinenruck beschert. Er beginnt zu fiddeln und springt dabei seine Besitzerin an. Als hätte sie nur darauf gewartet, hagelt es Kommandos: „Sitz! Fuß! Fuß!!“ Meine Hände sind zu Fäusten geballt, aber ich stehe in einer Kreuzung und bin schon außer Brüllweite …

■ Kurz vor acht Uhr. Eine Mutter bringt ihre Tochter zur Schule. Begleitet werden die beiden von der jüngeren Tochter und einem winzig kleinen Yorkshire Terrier Welpen. Die Jüngere hat den Hund an der Leine. Er versucht, so gut es geht, mitzuhalten, ist von all dem Trubel rundum schwer beeindruckt und bleibt irgendwann einfach sitzen. Wird weitergezerrt und schließlich an der Leine hochgehoben und nach vorn geschleudert. Mitten am Zebrastreifen wird er in der Luft baumelnd zusätzlich (vermutlich, hoffentlich) unabsichtlich vom Fuß des Mädchens getroffen und quietscht auf. Diesmal war ich in Brüllweite und habe meiner Empörung auch lautstark Ausdruck verliehen. Genützt hat es sicher nichts, aber ich werde, nachdem ich jeden Tag dort vorbeifahre, sicher einmal die Gelegenheit haben, ein ruhiges Gespräch zu suchen.

Ich versuche seit geraumer Zeit zu verstehen, was Menschen dazu veranlasst, Hundebitten, Hundewünschen und Hundefragen dermaßen ignorant gegenüberzustehen. Dem Hund zu vermitteln, was wir gerne von ihm hätten, darin sind wir sehr schnell und unerbittlich. Das heißt, wir gehen davon aus, dass unsere Botschaften beim Hund ankommen, sonst könnten wir uns ja sämtliche Erziehungsversuche sparen. Warum kommen aber die Botschaften des Hundes nur bei so wenigen Menschen an?

▶ Eine ältere Dame geht mit ihrem Chihuahua-Zwergpinscher(?)-Mischling ohne Leine neben einem Radweg. Um zur nächsten Wiese zu gelangen, müssen die beiden den Radweg überqueren. Der Hund schaut die Frau an. Sie sagt: „Burschi, du musst beim Frauli bleiben“ (was der Hund auch tut), schaut links und rechts und macht dann ein Handzeichen in Richtung Wiese. „Jetzt kannst du laufen!“, Burschi läuft.

▶ Mitten auf der Grünfläche setzt ein langhaariger Mischling dazu an, sich im Gras zu wälzen. Seine Besitzerin eilt herbei und ich warte gespannt darauf, was sie jetzt wohl machen wird. Die junge Frau setzt sich in die Wiese, lächelt ihren Hund an und streichelt seinen Bauch, was er sichtlich genießt.

▶ Ein älterer Mann geht mit seinem Dackel die Straße entlang. Der Hund wird langsamer und schaut ihn an. Der Mann bleibt stehen, kramt in seiner Umhängetasche und fördert einen Hundemantel zu Tage. „Ich hab’s dir ja gesagt, dass du frieren wirst“, sagt er, während er dem Hund den Mantel anzieht. Zufrieden und einträchtig ziehen die beiden von dannen.

Menschen können Hunde verstehen, wenn sie das wollen, so viel ist sicher! Hunde stellen Fragen, teilen Beobachtungen mit, kommentieren Geschehnisse und drücken ihre Gefühle aus. Warum fällt es (vielen) Menschen leichter, all das zu ignorieren oder mit „Erziehung“ darauf zu reagieren, als einfach Antworten zu geben?

Kapitel 8

Hunde sind gut, so wie sie sind

Wir legen den Fokus viel zu sehr auf Dinge, die wir als negativ empfinden. Ich muss mich da selbst auch immer an der Nase nehmen, wenn mein pubertierendes Elfenkind wieder einmal alle Register zieht. Manchmal denke ich nämlich tatsächlich darüber nach, dass es mir lieber wäre, sie würde manche Dinge einfach nicht tun. Aber diese Gedanken sind immer schnell wieder vorbei, wenn ich in ihr entzückendes Gesicht schaue und die rührende Unbekümmertheit darin sehe. Ich habe nicht vergessen, wie es sich anfühlt, jung und übermütig zu sein, es ist nur schon so lange her, dass es mir manchmal nicht gleich einfällt.

Ich glaube, so geht es Menschen oft. Wir wüssten eigentlich, dass der Hund gute Gründe für sein Verhalten hat, aber wir sind schon dermaßen im Trott der Angepasstheit gefangen, dass wir nichts mehr fürchten als das Gefühl, als „anders“ wahrgenommen zu werden. Nonkonformismus ist anstrengend und erfordert zu wissen, was man eigentlich tun wollen würde, wenn niemand zuschaut.

Meine Kollegin Sabine hat in einem sehr nachdenklichen Moment einmal gesagt: „Die Leute mögen Hunde ja im Grunde gar nicht. Fast alles an ihnen möchten sie ändern. Jagen, Bellen, Sich-für-das-andere-Geschlecht-Interessieren, Mit-dem-gleichen-Geschlecht-Konkurrieren, Schnüffeln, Markieren – lauter Hundedinge und alles wird verboten oder abtrainiert.“ Das ist zwar sehr krass ausgedrückt, aber ich glaube, sie trifft damit den Zeitgeist ganz gut. Mit Hunden ist es im Moment so, als würde ich einen Elefanten haben wollen und dann über ihn sagen: „Ja, aber er ist so groß und grau und seine Haut ist faltig. Das mag ich nicht. Ich möchte einen Elefanten, der klein ist und glatt und hellblau!“ Ein Elefant wird diese Wünsche nicht erfüllen können – und ein Hund eben auch nicht.

So lustig das auch klingen mag, für Hunde ist es sehr oft die Realität. Hunde haben (genau wie Kinder) feine Sensoren für Stimmungen und dafür, wie andere Lebewesen emotional auf sie reagieren. Viele, viele Hunde (und Kinder) leben fast ihr ganzes Leben lang in dem Gefühl, „nicht richtig" oder „nicht gut" zu sein. Das ist auch kein Wunder, wenn man sieht, wieviel an ihnen versucht wird auszubessern. Manche von ihnen werden dadurch so verunsichert, dass sie sich komplett zurückziehen und dabei fast überirdisch brav wirken. Der erziehende Mensch fühlt sich bestätigt und erkennt nicht, dass sich sein Hund im Bestreben, alles richtig zu machen (richtig zu sein), in ein Schattenwesen seiner selbst verwandelt hat. Angepasst an das Leben mit seinem Menschen, ohne verbliebene eigene Ideen und ohne Neugier auf das Leben.

Manche Hunde wehren sich, wissen aber nicht wogegen, weil das Gefühl „nicht richtig zu sein" ja nichts Konkretes ist. Sie wirken unzufrieden (was sie ja auch sind), unruhig und scheinen unter mangelnder Impulskontrolle zu leiden. Sie bellen meist viel mit hoher Stimme und kaum jemand hört ihre Hilferufe. Von Trainern wird dann je nach Couleur entweder zu mehr

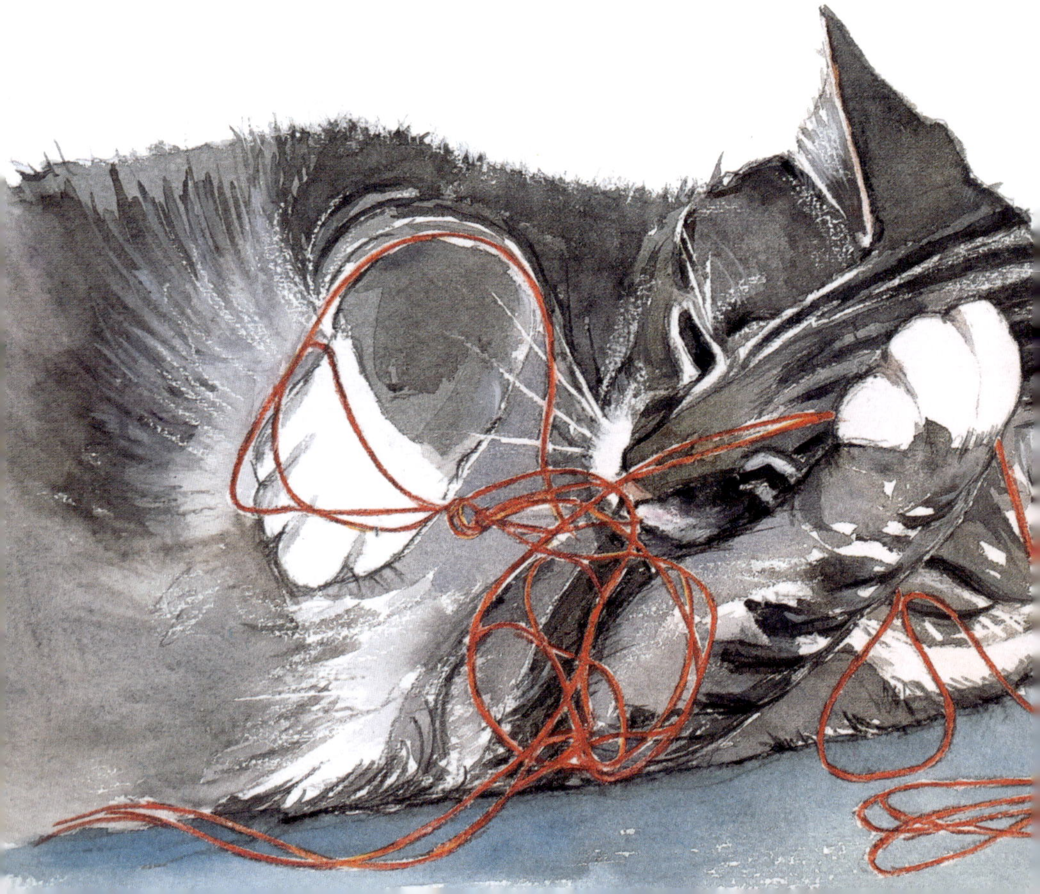

Auslastung, mehr Ruhe oder mehr Unterordnung geraten. Leider gibt es noch zu wenig gute Leute im Hundebereich, die in solchen Fällen genauer hinschauen und die „Übertrainiertheit“ und die „Unverstandenheit“ erkennen, die oft dahintersteckt.

In dieser ganzheitlichen Betrachtungsweise sehe ich aber die große Chance für alle, die ohnehin schon erkannt haben oder gerade dabei sind zu erkennen, dass es in der Gemeinschaft mit Hunden um mehr geht als darum, dem Hund etwas beizubringen. Wenn Menschen von ihren Katzen erzählen, erzählen sie von Dingen, die ihre Katzen tun. Sie berichten von allerlei lustigen Streichen oder kleinen Frechheiten oder erstaunlichen Sinnesleistungen. Sie lieben es, wenn Katzen schnurren, sie bewundern ihre Körperbeherrschung und sie machen sich über deren Herrschaftsansprüche in wunderbarer Selbstironie lustig. Niemand käme auf die Idee, seine Fähigkeit als Katzenhalter über die Erziehung oder gar die Ausführung von Kommandos oder Befehlen zu definieren. Katzen sind aber genau wie Hunde, kleine pelzige Raubtiere, die gut in menschlicher Gesellschaft leben können und dazu in der Lage sind, verständlich mit uns zu kommunizieren. Katzen sind gut, so wie sie sind. Aber Hunde eben auch!

Ich hoffe, dass wir irgendwann so weit sind, auch Hunde einfach in Ruhe lassen zu können. Ich hoffe, dass unser Erziehungswahn langsam seinen Zenit überschritten hat, auch wenn die Erfüllung dieser Hoffnung derzeit noch in weiter Ferne zu liegen scheint.

Liest man in Hundegruppen auf sozialen Netzwerken mit, kann man sich des Eindrucks nicht erwehren, dass Hunde immer dümmer würden (was sie natürlich nicht tun). Jeder Mist wird unter Signal gestellt, jeder Furz zieht unendliche Diskussionen nach sich, deren Teilnehmer sich gegenseitig in komplizierten Lösungsansätzen überbieten. Die anfangs guten Ideen des neuen Umgangs mit Hunden werden beinahe ins Groteske erhoben. Anstatt sich ganz banal an der Gesellschaft eines Hundes zu erfreuen, ihn als Person ernst zu nehmen und gemeinsam die unterschiedlichen Lebenswelten zu entdecken, werden Abhandlungen zu Rate gezogen, die Betriebsanleitungen für komplexe elektronische Geräte ähneln. Den Regler zwei Grad nach rechts, gleichzeitig den Schuber auf Position 47, aber nur zwischen 1:00 und 3:00 Uhr nachts ... Es gibt ein Signal für „Spielen", eines für „Ruhen", eines für „Laufen-Dürfen", eines für „Schauen", eines für „Nicht-Tun", eines für „Jetzt-doch-Tun" und zwei fürs „Zurückkommen" und so weiter und so fort. Und all das von Menschen, denen ich von ihrer Grundeinstellung her sogar meine eigenen Hunde anvertrauen würde ... Wir haben uns verrannt!

Es mag den Anschein haben, dass es gerade das positive Training besonders „abkriegt" von mir, aber dieser Eindruck täuscht. Wenn schon Training, wenn schon Erziehung, dann natürlich nur mit freundlichen, modernen Methoden. Von althergebrachtem, aversivem Rudelführergeschwafel bin ich gedanklich bereits so weit entfernt, dass ich mich gar nicht mehr damit auseinandersetzen möchte. Mittlerweile diskutiere ich auch nicht mehr mit Anhängern dieser Ansichten, weil mir meine Zeit für deren ewig gleichen, ewig dummen und ewig engstirnigen Argumente schlicht zu schade ist.

Von Leuten, die den Sprung ins positive Training geschafft haben, erwarte ich mehr – den nächsten logischen Schritt nämlich. Weg von Bewertung und Besserwisserei hin zu Lockerheit, Freundschaft, Respekt und viel Humor! All das wertvolle Wissen über Lernverhalten, Ausdrucksverhalten, Neuropsychologie, Konditionierung, Bedürfnisorientierung usw. ist im Hinterkopf wichtig, darf aber nicht davon ablenken, sich auf das eigentlich Wesentliche zu konzentrieren:

Die Lust am (gemeinsamen) Leben samt all den Wundern,
die unsere unterschiedlichen Arten zu bieten haben!

Kapitel 9

Gedanken zum Abschluss

Sollen wir Hunden jetzt gar nichts mehr beibringen und sie ausschließlich machen lassen, was sie wollen? Nein, darum geht es hier überhaupt nicht. Es geht darum, dass wir einfach übertreiben und uns dadurch immer mehr vom eigentlichen Ziel, dem bereichernden Zusammenleben mit Hunden, entfernen.

Interessanterweise tun wir das in beide Richtungen. Wir bewegen uns zwischen Rudelführertum, das Hunde als Untergebene sieht und oft wie feindlich gesinnte Eindringlinge behandelt und dem grundsätzlich wünschenswerten, rein „positiven Training", das aber auch oft zunehmend groteske Formen annimmt. Wobei ich damit gar nicht so sehr die Trainer meine, sondern die Hundehalter selbst. Gut gemeint sind diese freundlichen Erziehungsmethoden allemal, aber ich kann mich manchmal des Eindrucks nicht erwehren, dass diese Leute gar nicht gern mit Hundepersönlichkeiten zusammen sind, sondern eigentlich lieber ein Stück pelzige Konditionierungsmasse hätten, die sie ganz nach Belieben formen können. Wissenschaftlich fundiert, freundlich, perfekt in Timing und Ausführung, aber ohne jedwedes Verständnis für Leidenschaft, Lebenslust oder auch nur simplen Nonkonformismus, geschweige denn das Wesen des Hundes.

Ich sehe schon manche Leute zustimmend nicken: „Ja, das hab ich immer schon gesagt, der Mittelweg ist der richtige!" – aber auch die muss ich enttäuschen. Der Mittelweg ist auch nicht besser. Worum es mir geht, ist, dass Hunde endlich ernst genommen und als das gesehen werden, was sie eben sind. Hunde! Kleine, intelligente Säugetiere, deren Gefühlswelt unserer eigenen entspricht und deren Sozialleben ganz hervorragend zu dem unseren passt. Hunde sind Hunde und sie sind gut, so wie sie sind. Ja, sie können und sollen von uns lernen, aber auch wir können sehr, sehr viel von ihnen lernen.

Sie sind weder Befehlsempfänger, die irgendeinen „höheren Rang“ bekleiden möchten, was man ihnen natürlich gleich gründlich abgewöhnen muss, noch bedauernswerte Kreaturen, denen man sogar antrainieren muss, ihre eigene Sprache zu benutzen (oder auch nicht, je nachdem ...) und das am besten mittels hunderter Wiederholungen und Futterbelohnung, bis sie gar keine eigenen Ideen mehr haben. Solange auch das positivste Training noch „Training“ genannt wird, werden wir aus dieser Nummer nicht rauskommen, es sei denn, es handelt sich um das Training für eine Sportart, Tricks oder einen „Beruf“, denn wirkliche Partner oder Familienmitglieder trainiert man nicht, man lebt mit ihnen.

Ein höchst repräsentatives Beispiel für den Ist-Stand unserer Sicht auf Hunde ist seit einiger Zeit auf allen Social-Media-Kanälen zu finden. Es handelt sich dabei um einen kurzen Videoclip, der, etliche tausend Mal begeistert kommentiert, sieben oder acht Dackel zeigt, die ihr Futter serviert bekommen und brav darauf warten, es erst nach erfolgter Erlaubnis zu sich zu nehmen. Ihr „Besitzer“ scheint sich gut um die Hunde zu kümmern und auch das Futter ist kein lieblos hingeknalltes Trockenfutter, sondern anscheinend wohlüberlegt zubereitet. Er dürfte auch kein Grobian sein, obwohl einer der Hunde sogar in seiner Körperhaltung korrigiert wird, um wirklich in Reih und Glied zur Futteraufnahme anzutreten, bevor das Kommando dazu gegeben wird. Sobald die „Freigabe“ erfolgt, stürzen sich die Hunde auf ihre Schüsseln und leeren diese enthusiastisch. Die überwiegende Mehrheit der Reaktionen darauf besteht aus Äußerungen der Bewunderung und des Entzückens. Einige wenige Kommentare bemängeln die doch recht nahe zueinander in einem Gestell angebrachten Futterschüsseln und noch weniger Meldungen gibt es zum Umstand der scheinbar angestrebten völligen Kontrolle über die Bedürfnisse anderer.

Offenbar ist eine sehr große Zahl an „Hundefreunden“ nicht in der Lage, eigenes Komfortverhalten auf andere Lebewesen zu übertragen. Wer von diesen Menschen würde es schätzen, dermaßen knapp, sozusagen Schulter an Schulter, Teller an Teller, in einer Gruppe essen zu müssen? Wer möchte seinen Löffel auf Kommando in die Suppe tauchen? Wer möchte seine Körperhaltung währenddessen korrigiert bekommen? Wer möchte essen lediglich zum Zweck der Nahrungsaufnahme? Essen ist nicht nur ein Grundbedürfnis, sondern (meistens) auch mit erheblichem Genuss verbunden. Warum glauben wir, dass das bei Hunden anders wäre?

Ist es schlimm, was den Hunden in diesem Video „angetan" wird? Nein, es ist nicht schlimm. Solche Dinge kann man ganz hervorragend freundlich und rein belohnungsbasiert trainieren. Leiden die Hunde in diesem Videoclip? Nein, das tun sie nicht. Zumindest nicht im Sinn von körperlichem Leid. Wie es ihnen sonst geht, kann man in dem kurzen Video natürlich nicht erkennen. Was man aber erkennen kann, wenn man ein bisschen weiterdenkt, ist, dass Hunde, die durch solche Aktionen künstlich in dermaßen gespannte Erwartung versetzt werden, irgendwann dem Akt der Fütterung immense Bedeutung beimessen und höchstwahrscheinlich damit beginnen werden, außerhalb dieser Dressurnummer Futter gegen Artgenossen zu verteidigen und die Fütterung an sich als Stress zu empfinden – und das würde ich dann aber sehr wohl als Leid bezeichnen. Was mich aber am meisten daran stört, ist die Tatsache, dass wir es offensichtlich für völlig normal und sogar als unser Recht erachten, Hunde im Namen der Erziehung in solche Situationen zu zwingen. Dieses vermeintliche Recht auf Respektlosigkeit gegenüber anderen Lebewesen!

Das angesprochene Video ist leider nur ein Beispiel von vielen. Respektlosigkeit zieht sich durch alle Ebenen unseres Umgangs mit Hunden (und anderen Tieren). Wer nicht ganz sicher ist, was ich damit meine, muss nur einmal in das würdevolle Gesicht eines alten Hundes schauen und überlegen, welches Verhalten ihm gegenüber sein Leben lang wohl angebracht gewesen wäre. Dann sollte eigentlich alles klar sein. Hunde lernen gern, so wie alle intelligenten Lebewesen. Aber haben wir das Recht, sie über ihr Lernverhalten so zu formen, wie es uns am besten in den Kram passt? Sind unsere Ansprüche an das Zusammenleben mit einer anderen Spezies nicht viel zu einseitig? Warum nutzen wir unsere Möglichkeiten ausschließlich dazu, sie zu ändern, anstatt das Wunder ihrer Andersartigkeit zu bestaunen und ihnen dahingehend entgegenzukommen?

Das meine ich mit „wir drehen uns im Kreis". In all den Jahren haben wir nicht gelernt, die Distanz zwischen uns zu verringern. Wir treten immer noch und fast mehr denn je als „Lehrende" auf. Zwar auf zunehmend nette, aber für meine Begriffe viel zu theoretische und teilweise überhebliche Art. Das Leben ist

nicht Theorie, es passiert einfach und Hunde sind keine Objekte, die wir unter Laborbedingungen formen können. Sie haben Gefühle, Leidenschaften, Abneigungen, Interessen wie wir. Wenn sie diese äußern, ist uns das aber oft peinlich oder unangenehm oder erschreckt uns und wir versuchen, ihnen all das hurtig wieder abzugewöhnen. Selbstverständlich ist es für Hunde wünschenswert, in Sicherheit durch die komplexe Menschenwelt begleitet zu werden und selbstverständlich können und sollen wir uns dabei auch moderner Erziehungsmethoden bedienen, wenn wir dadurch Probleme lösen können. Natürlich muss es auch erlaubt sein, uns selbst das Leben ein wenig leichter zu machen. Ich glaube nur, dass sich das Leben-leichter-Machen zwischen Menschen und Hunden nicht die Waage hält, sondern sehr zu Ungunsten der Hunde ausfällt.

Spricht man mit Menschen über Dinge, die sie in Bezug auf ihre Hunde gerne ändern würden, geht es meistens darum, was der Hund tun oder lassen sollte und darum, was der Mensch tun könnte, damit der Hund umgehend dessen Wünschen nachkommt. Eher selten geht es in solchen Gesprächen darum, was der Mensch tun könnte, um Hundewünsche zu erfüllen. Zumal man diese ja auch erst einmal kennen müsste, um die Erfüllung überhaupt in Angriff nehmen zu können. Was ich mir für Hunde wünsche, ist in erster Linie, dass wir es schaffen, unseren Hund kennenzulernen, ohne Bewertungen vorzunehmen. Dass wir, bevor wir überhaupt in Erwägung ziehen, sein Verhalten zu ändern, versuchen es zu verstehen. Dann bieten sich nämlich plötzlich auch ganz andere Lösungsstrategien an.

Wir Menschen neigen dazu, dem Negativen in unseren Beziehungen viel zu viel Bedeutung beizumessen. Wir sind versessen darauf, das Negative zu eliminieren und glauben, dass dann all unsere Probleme gelöst sind. Darauf konzentrieren wir uns dermaßen, dass wir all die positiven Dinge (die übrigens immer bei Weitem überwiegen) nur mehr am Rande oder gar nicht wahrnehmen. Das betrifft übrigens Kinder wie Hunde gleichermaßen. Ich habe es anderswo schon geschrieben: Was ist ein unaufgeräumtes Zimmer gegen einen von der Fahrbahn geretteten Igel. Was sind ein paar „vergessene" Hausaufgaben gegen sechzehn übersprungene Stufen mit dem Skateboard? Was sind ein paar freche Antworten gegen hochinteressante Diskussionen über die Entwicklung der Rockmusik? Und was ist ein bisschen Gebell an der Leine gegen die vielen Stunden puren Glücks beim Streicheln von weichem Fell?

Ich nehme mich da selbst gar nicht aus. Gerade heute ist mir etwas klar geworden, nachdem mich meine Hunde vom Laptop weg in den Garten gelockt haben. Meine kleine Elfe kommentiert, seit sie bei uns wohnt, jedes Geräusch, das sie in unserem Garten wahrnimmt (und derer gibt es viele ...). Sie kennt einfach nichts nach ihrem Leben im Zwinger. Natürlich muss sie sich da wundern und nachfragen und sich manchmal auch fürchterlich aufregen. Eigentlich bin ich ständig mit Erklären, Fragen beantworten und Beruhigen beschäftigt, besonders jetzt, da es wärmer wird und sich der Aufenthaltsort meiner Nachbarn nach draußen verlagert. Ich gebe zu, dass das manchmal nervt, weil ich ja niemanden über Gebühr mit meiner Hundebegeisterung belästigen und auch einmal einfach in Ruhe das Wachstum meiner Pflanzen begutachten und die Igelbehausungen überprüfen möchte, ohne nach fünf Minuten wieder ins Haus gehen zu müssen, damit das Elfenkind zur Ruhe kommt.

Ich saß heute also auf meiner Palette, schaute den Hunden zu und genoss die ersten warmen Sonnenstrahlen, als mir plötzlich die Stille auffiel. Die Stille in meinem Garten! Rundum werkten geschäftige Nachbarn, zogen rumpelnde Gartenmülltonnen an unserem Zaun vorbei, kreischten Kinder auf der angrenzenden Wiese, flatterten Krähen in ihren Nistbäumen, lachten fremde Stimmen beim ersten Grillfest des Jahres – und Elfie sagte NICHTS! Wahrscheinlich hat sie sich über den Schwall aus lobenden Worten genauso gewundert wie ich mich über ihr Schweigen, aber für mich war das die schönste Bestätigung des kurz zuvor Geschriebenen. Vor lauter darauf achten, dass wir niemanden stören, habe ich gar nicht bemerkt, wie gut sie all meine vielen Erklärungen und Antworten inzwischen verstanden und akzeptiert hat. Ein Meilenstein, der beinahe unbemerkt geblieben wäre, weil meine Konzentration auf dem negativen Aspekt unseres Gartenlebens lag statt auf dem Genuss unseres Zusammenseins und der offensichtlich geglückten Kommunikation.

Ich glaube, es täte uns allen gut, wenn wir von Zeit zu Zeit Bestandsaufnahmen machen würden im Sinne von: Was ist tatsächlich so unangenehm, dass wir es ändern müssen (und warum) und was fühlt sich einfach nur gut an? Ich bin mir sehr sicher, dass das Verhältnis zum überwiegenden Teil zugunsten der guten Dinge ausfällt und die sind es auch, die unsere ungeteilte Aufmerksamkeit verdienen! Ich denke, dass wir mit all unserem gut gemeinten (und oft auch gut gemachten) Hundetraining in diese Falle tappen. Wir beschäftigen uns mit Dingen, die der Hund (noch) nicht kann oder unserer Ansicht nach falsch macht. Wenn wir uns stattdessen darauf konzentrieren würden, was uns so richtig gut an ihm gefällt, würden sich manche Dinge von ganz allein und nebenbei erledigen, weil sie einfach an Bedeutung verlieren.

Aber was ist falsch an positivem Training, werden jetzt einige fragen? Im Grunde gar nichts. Wenn es darum geht, einem Hund etwas beizubringen, darf es gar nichts anderes geben. Die Frage ist nur, was und wieviel wir ihm überhaupt beibringen müssen, sollen oder dürfen. Wir haben nicht das Recht dazu, einen Hund zu schlagen, zu bedrohen, zu demütigen – so viel ist sicher. Aber haben wir das Recht, ihn freundlich zu ändern, zu manipulieren in Situationen, die über seine Sicherheit (und die anderer) hinausgehen? Ich glaube, dass viele Menschen, die mit Hunden zu tun haben, in ihren Überlegungen bereits an diesem Punkt angekommen sind. Es ist wie damals, als das positive Training alte Denkmuster abgelöst hat. Langsam sollten wir einen weiteren Schritt wagen und Hunde von der Last unserer Vorstellung vom stets funktionieren müssenden Wesen befreien. Wir sollten Hunden endlich den Teil ihrer Persönlichkeit zugestehen, der nichts damit zu tun hat, unsere Wünsche zu erfüllen. Den Teil, der uns nicht angenehm sein muss, den wir aber aufgrund ihrer Andersartigkeit respektieren.

Vielleicht werden Hunde dann eines Tages tatsächlich nur mehr als „Leute in anderem Gewand“ gesehen, die in Freundschaft verbunden mit uns zusammenleben und nicht erst dazu erzogen werden müssen.

Epilog

Im Rückblick sieht man erst, was wirklich wichtig war und viele Menschen weinen bittere Tränen, wenn sie bemerken, wie viel Lebenszeit ihres Tieres mit den Versuchen verschwendet wurde, den Hund zu ändern, der von ganz allein perfekt gewesen wäre. Die Liebe zu Hunden begleitet mich schon mein ganzes Leben lang, aber ich konnte bis jetzt nicht in Worte fassen, was mich so sehr und so drängend ihre Nähe suchen ließ. Die folgenden Begegnungen mit Hunden in meiner Kindheit und Jugend waren prägend und die Erinnerung an sie begleitet mich bis heute.

Jedes Jahr kamen Urlauber aus Deutschland zu unseren Nachbarn, um dort ihre „Sommerfrische" zu verbringen. Niemand hat sie wohl dringender erwartet als ich, denn in ihrer Begleitung befand sich immer Cherry, ein fuchsroter Pekinese. Cherry war unnahbar und distanziert. Er wurde an der Leine ausgeführt und würdigte mich nie auch nur eines Blickes, wenn ich ganz unauffällig bei den Nachbarn herumstand und ihn begehrlich anstarrte. Würdevoll stolzierte er des Weges und ich hätte alles dafür gegeben, ihn einmal berühren zu dürfen. Irgendwann erbarmte sich sein Besitzer und bot mir an, ganz kurz Cherrys Leine zu halten, ermahnte mich aber gleichzeitig, ihn nicht zu belästigen, denn dann würde er sehr unfreundlich werden. Ich schwebte im siebten Himmel und achtete penibel darauf, alles richtig zu machen. Am nächsten Tag stand ich wieder dort und wurde eingeladen, die Familie auf ihrem Spaziergang zu begleiten. Als ich einmal kurz stehen blieb, um mein Schuhband fester zu binden, kam Cherry angewackelt und blieb vor mir stehen. Er schaute mich an und ich wusste ganz genau, dass jetzt der Moment gekommen war, in dem ich vorsichtig meine Hand ausstrecken und ihn berühren durfte. Seiner Familie stockte hörbar der Atem, aber Cherry hatte sich schon entschieden. Er hatte mich in den erlauchten Kreis derer aufgenommen, denen er seine wohlwollende Beachtung schenkte.

Drei Jahre lang hatte ich darauf gewartet und wurde reich belohnt, denn in den auf dieses denkwürdige Ereignis folgenden Tagen und Wochen legte Cherry seine Distanziertheit mir gegenüber völlig ab. Er hüpfte an mir hoch, wenn er mich entdeckte, wedelte hocherfreut und lud mich hopsend und lächelnd dazu ein, meine Finger in sein prächtiges Fell zu tauchen. Irgendwann durfte ich sogar allein mit ihm spazieren gehen. Ein Privileg, das ich bis heute wie einen Schatz in meinem Herzen trage, denn dieser kleine, stolze Kerl hatte mir seine Freundschaft geschenkt, so deutlich, dass mir auch seine Halter vertrauten. Bei deren Abreise heulte ich Rotz und Wasser und auch Cherry wäre wohl noch gern geblieben, denn er schaute mir von seinem Platz auf der Hutablage des Autos so lange nach, bis es um die Kurve bog und wir uns nicht mehr sehen konnten. Meine Sorge, er könnte mich bis zum nächsten Jahr vergessen haben, war unbegründet, denn als die Familie wieder ihr Urlaubsdomizil bezog und ich selbstverständlich dort stand und wartete, sprang er aus dem Auto und begrüßte mich wie die lang vermisste alte Freundin, die ich wohl ebenso für ihn war wie er mein innigst herbeigesehnter Freund. Als Cherry irgendwann nicht mehr zur jährlichen Sommerfrische kam, war ich schon längst kein Kind mehr, aber vergessen habe ich ihn nie. Er war es, der mich gelehrt hat, Hunde als Persönlichkeiten zu respektieren. Persönlichkeiten mit eigenem Willen und eigenen Wünschen!

Zum Fliesenlegerbetrieb in unserem Ort gehörte Blacky, ein Großpudel, damals „Königspudel" genannt. Blacky war auch für einen Großpudel groß, meistens ungeschoren und eine wahrhaft königliche Erscheinung. Der Fliesenleger hatte auch drei Söhne, ein paar Jahre älter als ich. Nachdem in dem Familienbetrieb immer viel zu tun war und die Söhne nach der Arbeit andere Formen der Freizeitgestaltung im Kopf hatten als mit einem Hund spazieren zu gehen, kam Blacky in dieser Hinsicht oft zu kurz. Durch meine Erfahrungen mit Cherry mutig geworden, klingelte ich eines Tages kurzerhand an der Tür und fragte, ob ich mit Blacky raus gehen dürfte. Ich durfte! Ein wenig irritiert (wer geht schon freiwillig spazieren?) wurde mir die Leine samt Hund in die Hand gedrückt und mitgeteilt, dass ich ruhig lang wegbleiben könne. Zusätzlich erhielt ich die Warnung, dass er schrecklich an der Leine ziehen würde und ich dann streng sein müsse. Erstaunlicherweise ging Blacky anstandslos mit mir mit. Er war wohl genauso verblüfft wie ich.

Die Leine war kurz und er zog tatsächlich wie wild daran. Durch das sich zusammenziehende Kettenband bekam er auch schwer Luft, und als er so keuchte, dass ich Angst bekam, er würde ersticken, setzte ich mich auf den Boden und studierte die Funktionsweise seines Halsbandes. Ich klinkte den Karabiner in den „ungefährlicheren" Ring ein und überlegte weiter. Warum zieht er an der Leine? Ich kam zu dem Schluss, dass ich wohl zu langsam für ihn und seine langen Beine wäre. Das nächste Stück unseres Spaziergangs absolvierte ich deshalb laufend. Besser! Aber die maximal einen Meter lange Leine war trotzdem hinderlich. Sie bestand aus einer Kette und einer roten Handschlaufe aus Leder. Später erfuhr ich, dass die Kette dazu dienen sollte, ihm das wilde Beißen in die Leine abzugewöhnen ... Wir liefen nach Hause und ich erbat mir 20 Schilling von meiner Oma. Damit eilten wir dann zum örtlichen Raumausstatter und ich erwarb ein drei Meter langes Stück fester Kordel, die ich an die Handschlaufe der Leine knüpfte. Damit war das Leineziehen Geschichte. Der arme Blacky konnte ja gar nicht anders, als zu zerren. Das sich zusammenziehende Halsband hatte ihn dazu getrieben, dem Gewürgtwerden entfliehen zu wollen und die viel zu kurze Leine machte es ihm unmöglich, auch nur einen Schritt in seiner natürlichen Fortbewegungsart zu machen, ohne dass sich die Leine spannte.

Von da an waren wir Freunde. Wann immer sich die Gelegenheit bot, holte ich ihn ab und wir wanderten ziellos herum. Meistens zog es uns zum Wasser, wo wir Enten betrachteten oder im flachen Teil herumwateten. Wir untersuchten die Böschung, balancierten über Steine und vergaßen dabei oft die Zeit. Eines Abends war es schon fast dunkel, als ich bemerkte, wie sehr wir wieder herumgetrödelt hatten und der Heimweg war noch weit.

In unserem Ort gab es eine Siedlung, in der unter anderem auch eine sehr kinderreiche Familie lebte. Diese Kinder waren als Spielpartner nicht begehrt, weil vor allem die größeren Brüder sehr unangenehm werden konnten. Sie nahmen kleineren Kindern die Fahrräder weg, quälten sie, indem sie sie johlend verfolgten oder umzingelten und bespuckten. Hatte man Murmeln eingesteckt, konnte man nach Durchquerung der Siedlung fast sicher sein, keine mehr zu besitzen. Auch Eis oder Wurstbrote waren begehrte Beute. Wer nicht wirklich dringend dort durchgehen musste, vermied das tunlichst. Leider war die Straße durch diese Siedlung der kürzeste Weg nach Hause und es war für meine Verhältnisse damals schon wirklich spät. Ich nahm also Blacky und all meinen Mut zusammen und marschierte los. Schon aus der Entfernung konnte ich einige der gefürchteten Personen vor ihrem Haus herumlungern sehen; aber zu spät, auch sie hatten mich schon entdeckt und kamen langsam, in Erwartung ihrer wohl demnächst erfolgenden Belustigung näher. „Na, Puppi? Was hast'n da mit? Ein Schaf?", war die Eröffnung des Geplänkels. Fest entschlossen, meinen vierbeinigen Freund gegen jedwede Attacke zu verteidigen, kam ein klägliches „Lass mich in Ruh!" über meine Lippen. Die Brüder kamen näher und mein Herzschlag war bereits in Halsnähe zu fühlen. Plötzlich ertönte ein Grollen an meiner Seite, das ich im ersten Moment gar nicht richtig zuordnen konnte. Die Burschen blieben stehen. Blacky sprang mit solcher Wucht in die Leine, dass ich ein Stück mitgerissen wurde. Er bellte tief und drohend und gebärdete sich wie tobsüchtig. Die Burschen wichen zurück, tief beeindruckt. „Komm Blacky, wir gehen weiter", sagte ich mit fester Stimme, ohne richtig glauben zu können, was da gerade passierte. Unbehelligt konnten wir unseren Weg fortsetzen. Bevor ich Blacky ablieferte, umarmte ich ihn und schwor ihm ewige Dankbarkeit.

Als wir ein paar Tage danach zwei der Brüder außerhalb ihrer Siedlung trafen, starrten sie uns erschrocken an und einer davon rief: „Der Flecki, der Flecki ...", bevor sie davonliefen. „Er heißt Blacky!", brüllte ich ihnen voller Genugtuung nach. Nie wieder wurde ich von ihnen belästigt, weder innerhalb ihrer Siedlung noch außerhalb. Blacky ist sein Leben lang mein Freund geblieben und auch meine Dankbarkeit hält immer noch an. Diese Zeilen sind für ihn, der mich gelehrt hat, dass man sich auf Hunde immer verlassen kann.

Der Bach, der durch unseren Ort fließt, bildete eine Schlaufe, bevor er in den großen Fluss, die Lavant, mündet. In dieser Schlaufe lag ein kleiner, alter Bauernhof, dessen Bewohner mit unserer damaligen Clique befreundet waren. Ich war 17 Jahre alt und hatte mir gerade heimlich ein Motorrad gekauft. Nachdem ich noch keinen Führerschein besaß, fuhr ich hauptsächlich in Gegenden herum, wo keine Polizeistreifen zu erwarten waren, wie eben auch auf der damals noch sehr einsamen Lavantstraße. Auf diesen Fahrten besuchte ich auch oft meine Freunde auf dem Bauernhof. Deren Hund Senta hatte gerade Junge bekommen, von denen nur eines überlebt hatte. Sie nannten ihn Killer. Ich hätte ihn so gern umgetauft, denn als Kind war eines meiner Lieblingsbücher „Mein Freund Ajax" und Killer war Ajax wie aus dem Gesicht geschnitten. Seine Mutter Senta war ein klassischer Deutscher Schäferhund und sein unbekannter Vater muss einem Malinois ähnlich gewesen sein, denn Killer war als erwachsener Hund goldbraun, groß, schlank und wunderschön. Als ich ihn kennenlernte, war er ein Welpe und von unserer ersten Begegnung an „mein" Hund. Ich besuchte ihn täglich, brachte Futter für Senta und ihn mit und stattete beide mit schönen, breiten Lederhalsbändern aus. Das Kettenband von Blacky hatte Spuren bei mir hinterlassen und ich konnte keinen Hund mehr ungerührt mit so einem Ding herumlaufen sehen. Senta war ein richtiger Hofhund und hatte keinerlei Interesse daran, ihr Reich zu verlassen. Aber als Killer alt genug war, ging ich mit ihm spazieren. Eine Leine brauchten wir dafür nicht, denn er wich mir nie von der Seite. Das gesamte, damals so wilde Gebiet am großen Fluss war unser Revier. Wir kannten jeden Baum, jeden Stein, wussten, wo die Rehe lagerten und die Fasane brüteten. Ich führte ihn zu allen interessanten Stellen, die mir mein Großvater damals gezeigt hatte, wo wir Blumen für meine Großmutter gepflückt hatten und ich versuchte mit Killer die Stelle zu finden, wo der Bruder meiner Mutter ertrunken war, ich meinen Großvater aber nie danach zu fragen gewagt hatte. Meistens saßen wir zwischendurch lang am Ufer und schauten aufs Wasser, Killers Schnauze auf meiner Schulter, meine Wange an seinem Gesicht und meine Hand an seiner Brust, um sein weiches Fell zu kraulen. Ihn wieder zurückzubringen war jedes Mal sehr schwer.

Manchmal nahm ich ihn mit nach Hause und er übernachtete bei mir. Aber das war schwierig, da ich anfangs noch bei meinen Großeltern, später in einer Einzimmerwohnung mitten in der Stadt wohnte, während ich ganztags in einem Kaufhaus arbeitete. Das wäre kein schönes Leben für ihn gewesen, war er es doch gewohnt, frei zu sein – so sehr ich mir auch gewünscht hatte, ihn immer bei mir haben zu können.

Sein Halter erzählte mir, dass Killer schon auf das Geräusch meines Motorrades reagierte, wenn ein Mensch es noch lange nicht hören konnte. Er erkannte das an seinem Verhalten. Killer lief dann nämlich ganz aufgeregt wedelnd und winselnd in die Richtung, aus der ich bald kommen würde. Eines Tages, als ich endlich meinen Führerschein hatte, wollte ich mit ein paar befreundeten Motorradfahrern eine Ausfahrt machen. Die geplante Route sollte uns auf der anderen Wasserseite ein kurzes Stück in der Nähe von Killers Hof vorbeiführen.

Ich erzählte von meinen Bedenken, dass er mich hören könnte, wurde aber rasch davon überzeugt, dass das ja ein ganz anderer Weg sei, als er von mir gewohnt wäre und er außerdem das einzelne Geräusch meines Motorrades aus den vielen anderen unmöglich herausfiltern könne.

Als wir an dem Hof vorbeigefahren waren, sah ich plötzlich, wie Rudi, der hinter mir fuhr, stehen blieb, abstieg und in Richtung Wasser eilte. Ich drehte um und fuhr zurück. Als ich dort ankam, sah ich Rudi bis zum Bauch im Wasser stehen, Killer in seinen Armen haltend. Killer hatte mein Motorrad ganz genau identifiziert, war verwirrt über meine ungewohnte Route ohne zu zögern ins Wasser gesprungen, um zu mir zu gelangen. Dabei hatte er sich mit dem Hals in mehreren Wurzeln verfangen und konnte weder vor noch zurück. Gemeinsam befreiten wir ihn und schleppten ihn ans Ufer. Alle drei klatschnass saßen wir dort und zwei von uns heulten. Rudi und ich nahmen an der Ausfahrt natürlich nicht weiter teil und ich bin nie wieder auch nur in die Nähe des Bauernhofs gefahren, wenn ich nicht wirklich vorhatte, Killer zu besuchen. Hätte Rudi nicht aus den Augenwinkeln gesehen, dass da ein Hund hilflos im Wasser hing, wäre er wohl ertrunken. Und das nur, weil ich die Sinne und die bedingungslose Freundschaft eines Hundes unterschätzt habe. Ein Fehler, der mir nie wieder passieren wird.

Eine Arbeitskollegin meiner Mutter, die uns einmal auf der Durchreise besucht hatte, wollte mich bei einem Spaziergang mit Killer an der Lavant begleiten. Ich nahm sie also mit und zeigte ihr all unsere Sehenswürdigkeiten, worauf sie im Anschluss daran mit uns am Ufer sitzend bemerkte: „Du hast wirklich einen tollen Hund!“ Meine Antwort kam genauso spontan wie ehrlich: „Er ist nicht mein Hund. Er ist mein Freund!“

Der Bach wurde eines Tages im Rahmen eines Straßenbauprojekts an der Lavant begradigt. Das Grundstück, auf dem der Bauernhof stand, den Besitzern abgekauft und weg waren sie. Killer, seine Mutter und die dazugehörigen Menschen. Es vergeht kaum ein Tag, an dem ich nicht an ihn denke, auch nach 38 Jahren nicht, denn Killer hat mich gelehrt, was echte Verbundenheit bedeutet.

Was könnte man an so einem Hund wohl durch Erziehung verbessern? Was könnte man an irgendeinem Hund durch Erziehung verbessern? Genießen Sie die Zeit mit Ihren Hunden JETZT! Jeder Hund ist etwas Besonderes und herauszufinden, was gerade ihn so besonders macht, ist die erheblich bessere Variante, als zu versuchen, ihn an irgendwelche künstlichen Normen anzugleichen.

In meiner Beziehung zu diesen Hunden war ich niemals die, die irgendetwas besser wusste oder besser konnte. Es ist mir nie in den Sinn gekommen, etwas an ihnen ändern zu wollen. Ich war die, die von ihnen lernen durfte. Und niemals würde ich ihr Andenken gering schätzen, indem ich das Gelernte vergesse. Ich bin mir ziemlich sicher, dass auch Sie solche Hunde kennen. Bitte ehren Sie sie nicht nur rückblickend.

Über die Autorin

Ulli Reichmann wurde 1967 in Wien geboren und hat sich natürlich schon immer für Hunde interessiert. ☺ Aber das drückt nur sehr unzulänglich aus, was das Zusammenleben mit ihnen wirklich für sie bedeutet. Nach über 20 Jahren Trainertätigkeit in zwei Hundeschulen, von denen sie eine mitgegründet hatte, und zahlreichen besuchten Seminaren ist ihr klar geworden, dass sie gar keine Trainerin im engeren Sinne sein möchte. Sie möchte Hunde verstehen, ihre Gefühle ernst nehmen und ihren Menschen dabei helfen, dasselbe zu tun.

Sie möchte nicht die Hunde verändern, sondern das, was Menschen in ihnen sehen. Aus diesem Grund hat sie das Projekt „Ullihunde" gestartet. Anfangs war es einfach ihr persönlicher Weg, mit jagenden Hunden umzugehen, aber inzwischen hat sich dieser Umgang auf alle Bereiche des Lebens mit Hunden ausgedehnt. Mittlerweile hat sie damit aufgehört, Hunde trainieren zu wollen und erkannt, dass es mehr um ein verständnisvolles Miteinander geht.

WEGE ZUR FREUNDSCHAFT

Das Praxisbuch

Ulli Reichmann

Wenn Sie einen jagenden Hund haben, kann Ihnen nichts Besseres passieren, als mit Ulli Reichmann oder zumindest nach ihrer Methode zu arbeiten, denn sie versteht nicht nur etwas von Hunden, nein, es ist viel mehr, sie versteht Hunde. Und das ist ein Unterschied, und zwar der entscheidende.

In diesem Praxisbuch beschreibt sie nicht nur die nach ihr benannte Ullihunde-Methode, sondern liefert auch viel Hintergrundwissen über den ältesten Begleiter an der Seite des Menschen. Die Übungen sind erfrischend unkompliziert und dennoch tiefgründig, bewegend und zu Herzen gehend. Sie lädt uns ein, von Hunden zu lernen und sie, wenn überhaupt, erst dann zu unterrichten. Dabei hat sie ein Auge und ein selten ausgeprägtes Gespür für ihre Bedürfnisse, ihre Sicht der Dinge, ihre Gefühle – und macht uns mit diesem Buch das Geschenk, daran teilzuhaben.

Aus dem Inhalt:

- Jagdverhalten – Segen oder Plage?
- Mit dem Hund sprechen
- Die Sache mit der Leine
- Missverständnisse, den Freilauf betreffend
- Kommunikationshilfen
- Tipps für gelungene Spaziergänge

... und vieles mehr!

Hardcover, mit zahlreichen farbigen Abbildungen, 136 Seiten
ISBN: 978-3-936188-73-8